编委会

主　编：刘翔宇　张　春　邱　熙

副主编：宋良宝　李越飞　马德鑫

编　委：彭艳蛟　刘　洋　颜　丽　张　东
　　　　胥执东　邓　剑　张继云　王永林
　　　　李　强　刘芮君　宋　娲

成长的力量

孩子积极成长的源动力

刘翔宇 张春 邱熙 ◎ 主编

幸福
乐观
情绪智力
坚毅
自尊
希望

生存的需要　　关系的需要
发展的需要

四川大学出版社
SICHUAN UNIVERSITY PRESS

图书在版编目(CIP)数据

孩子积极成长的源动力 / 刘翔宇，张春，邱熙主编．
成都：四川大学出版社，2025.5. --（成长的力量）．
ISBN 978-7-5690-7787-2

Ⅰ．B844.1

中国国家版本馆 CIP 数据核字第 2025AQ7137 号

书　　名：	孩子积极成长的源动力
	Haizi Jiji Chengzhang de Yuandongli
主　　编：	刘翔宇　张　春　邱　熙
丛 书 名：	成长的力量

丛书策划：	张伊伊　周　艳
选题策划：	张伊伊　周　艳
责任编辑：	张伊伊
责任校对：	周　艳
装帧设计：	墨创文化
责任印制：	李金兰

出版发行：	四川大学出版社有限责任公司
	地址：成都市一环路南一段 24 号（610065）
	电话：（028）85408311（发行部）、85400276（总编室）
	电子邮箱：scupress@vip.163.com
	网址：https://press.scu.edu.cn
印前制作：	四川胜翔数码印务设计有限公司
印刷装订：	成都金龙印务有限责任公司

成品尺寸：	167 mm×236 mm
印　　张：	15.25
插　　页：	1
字　　数：	217 千字

版　　次：	2025 年 5 月 第 1 版
印　　次：	2025 年 5 月 第 1 次印刷
定　　价：	88.00 元

本社图书如有印装质量问题，请联系发行部调换

◆ 版权所有 ◆ 侵权必究 ◆

扫码获取数字资源

四川大学出版社
微信公众号

推荐序一
唤醒内在活力，保障成长环境

孩子是家庭的希望，是祖国和民族的未来。每个家庭的孩子从孕育、出生到成人成才成栋梁，身上有无数人倾注的关爱和期望。在培养孩子成长、成人、成才的道路上，父母、朋友、老师等陪伴、付出、树立榜样，社会提供资源、适宜的环境，孩子们才能沐浴在爱的阳光中自由发展、茁壮成长。

绵阳市张春老师及其科研团队，本着"以人为本，预防为主"的原则，结合经验、调查和研究，提出中小学生成长的"三力"模型：内驱力、影响力和源动力。本套丛书有理论的提炼、实操的总结，为家长、学生、教师及心理健康工作者提供了借鉴。

《孩子自主成长的内驱力》深入探讨孩子自主成长的三种基本需要：生存的需要、关系的需要和发展的需要。分析孩子成长过程中希望获得的积极力量，展示了一些激发孩子成长内部动力的方法。

《孩子健康成长的影响力》提出真情陪伴的"五心"原则，围绕爱、积极关注、倾听、理性平和、共情、包容、接纳、利他、勇气、无条件信任、积极期望、积极暗示这十二种积极因素，探讨这些因素如何影响孩子的健康成长。

《孩子积极成长的源动力》分析孩子在成长过程中可能遇到的心理困扰，并提出优先积极教育、修复童年创伤、调控焦虑情绪、建立心理资源四大应对策略。孩子成长中的烦恼通过成长去解决，人际中的问题在人际交往中去理解，生活中的困难与不顺通过生活去体验和修正。

美丽的幻想可以构建幸福的蓝图，现实的行动可以成就美好的未来，过程的体验就是幸福的源泉，任何结果都是自己的收获。开卷有益，为了自己、为了孩子、为了社会、为了未来，从今天开始学习、感悟、提升、成长。

张 伟

2024 年 12 月 18 日于华西启德堂

推荐序二
"三力"模型：引领青少年健康成长之路

当下，厌学现象已经成为社会、学校、家长特别关注的问题之一。本套丛书基于问题导向，从孩子成长中的一股无形而强大的力量——"成长的力量"进行破解，是特别有价值、有意义的探索与尝试。成长的力量源自孩子内心深处的渴望与潜能，是生命本能的展现，也是外界环境与内在自我相互作用的结果。成长的力量是孩子发展的根本动力、深层动力、系统稳定的动力，是发展、成长、成熟的动力机制。

成长的力量体现在孩子对未知世界的好奇探索上，孩子们通过触摸、观察、尝试，不断拓宽认知边界，构建自己的知识体系与世界观。每一次的尝试与失败，都是成长力量的积累与释放，让孩子更加坚韧不拔，勇于面对未来的挑战。家庭作为孩子成长的摇篮，是这股力量得以滋养与壮大的关键所在。父母通过建立良好的教育同盟关系，共同为孩子营造一个充满爱与支持的家庭氛围。父母尊重孩子的个性差异，鼓励孩子表达自我，引导孩子学会独立思考与解决问题，从而在孩子心中种下自信与勇气的种子。成长的力量也离不开社会的支持。孩子在与社会环境的互动中，学会遵守规则、尊重他人、承担责任，逐步完成从自然人向社会人的转变。这一过程虽然充满挑战，但正是这些挑战，让孩子在克服困难中不断成长，学会合作与分享，养成良好的社会适应能力。

张春老师及其团队基于深厚的心理教育理论和丰富的实践经验，精心编纂了《成长的力量》系列丛书。这套丛书提出的"三力"模型，即内驱力、影响力和源动力,体现了作者对个体成长和心理发展规律与实践经验的深刻洞察。内驱力是在需要的基础上产生的一种内部唤醒状态或紧张状态,是孩子自主成长的内在动力源泉,它激发、推动、维持着孩子对未知世界的好奇与探索;影响力是家庭与社会环境为孩子成长带来的重要、关键力量,它塑造着孩子的性格与价值观;源动力是孩子面对困难与挑战时的勇气与智慧的力量,它让孩子在逆境中依然能够保持积极向上的心态。

本套丛书的编写者均为中小学的一线心理老师,这是他们实现"为党育健康人,为国育健康才,为家育健康娃"的目标的一次行动。编写者们拥有丰富的实践经验,通过生动的案例、实用的建议和贴心的提示,将复杂的心理学理论转化为易于理解和操作的方法,为家长和教育工作者提供了宝贵的参考,具有操作性、亲和性、友好性、易读性以及突出的实用性,因而特别值得推荐。我相信,对于广大家长、教育工作者以及心理咨询师和热爱心理健康教育的人士来说,本套丛书将成为他们助力青少年健康成长的重要工具。

张仲明
2024 年 12 月 10 日于学府临江斋

推荐序三
与孩子们一同成长

在当今这个快节奏、高压力的社会环境中,孩子们的成长之路充满了未知与挑战。作为家长和教育者,我深知,仅仅提供物质上的满足是远远不够的,孩子们更需要的是心灵的滋养与成长的引导。正是基于这样的认知,绵阳一线教育者们经过长期实践与总结,形成了本套关于指导孩子成长的系列书籍——《孩子自主成长的内驱力》《孩子健康成长的影响力》《孩子积极成长的源动力》,旨在为老师和家长提供参考之法。

《孩子自主成长的内驱力》一书,旨在深入挖掘孩子们内心深处的力量,激发他们的自主性与创造力。全书从身心安全、社会联结、积极关注、社会认可、积极自尊等多个方面,帮助孩子们建立起坚实的自我认知与价值体系。情感安全与掌控安全是孩子们成长的基石,只有在这样的环境中,他们才能勇敢地探索世界,尝试新事物。同时,社会联结与积极关注则让孩子们感受到来自周围人的温暖与支持,这种力量将促使他们更加自信地面对生活中的挑战。而社会认可与积极自尊,则是孩子们成长过程中不可或缺的养分,它们滋养着孩子们的内心,让他们在未来的道路上更加坚定与从容。

《孩子健康成长的影响力》一书,着重探讨了家长在孩子们成长过程中的重要作用。书中围绕专心、耐心、包容心、公心和信心,全面解析了如何成为优秀的父母。积极关注与倾听是建立亲子关系的基础;内观自我与管理消极情绪则是提升自我修养的关键;包容心与利他精神,让孩子们在学会爱自己的同时，也能懂得关爱他人。此外，信心篇中的期望效应、心理暗示以及信任等理念，更是为孩子们的成长注入了无穷的动力与希望。

《孩子积极成长的源动力》一书，从积极心理学的角度出发，为孩子们的成长提供了一套科学的指导方案。本书从积极心理学的概念、启示以及心理资本的作用等方面着墨，帮助孩子们建立起积极向上的心态与思维模式。希望、自尊、坚毅与幸福是孩子们成长道路上不可或缺的四大支柱，基于此，培养孩子们的希望感与目标意识，让他们学会规划自己的人生道路；鼓励孩子们勇敢追求自尊与自我价值，让他们在成长的道路上更加自信与坚定；坚毅的品质与幸福的感受，则将是孩子们在未来人生中战胜困难、迎接挑战的重要力量。

本系列丛书既相互独立又紧密相连，它们共同构成了一个完整的成长体系。我相信，通过这套书籍的引导与帮助，孩子们将能够更加自主地成长、更加健康地生活、更加积极地面对未来。同时，我也希望家长们能从中汲取宝贵的经验与智慧，与孩子们一同成长、一同进步。

骆　方

2024 年 12 月 23 日于北京师范大学

总　序

人本主义心理学家罗杰斯（Carl Ranson Rogers）曾经讲过这样一个故事：

记得我小时候，家里把冬天吃的土豆储存在地下室的一个箱子里，距离地下室那个小小的窗户有好几英尺。生长条件相当差，可是那些土豆竟然发芽了——很苍白的芽，比起春天播种在土壤里时长出的健壮的绿芽是那么的不同。这些病弱的芽，居然长到两三英尺长，尽可能地伸向窗户透进光线的方向。它们这种古怪、徒劳的生长活动，正是我所描述的趋向的一种拼死的表现。它们也许永远无法长大成株，无法成熟，永无可能实现它们实有的潜能，但是即使在如此恶劣的生长条件下，它们也要拼死地去成长。生命不知道屈服和放弃，即便它们得不到滋养。

罗杰斯的故事让我们感受到生命的顽强，一颗种子需要适当的水分、空气、肥料，园丁需要在特定的时间段内除虫、修枝、移植，在这些因素的共同作用下种子才会萌芽、成长、开花、结果。如果没有这些因素，种子可能永远无法长大，无法实现它们实有的潜能。

培养孩子的过程，从某种方面来讲就是让"种子"长大的过程。在养育孩子的过程中，我们就像园丁一样，首先需要了解孩子的本性，知晓这颗"种子"的类别，我们不能期待一颗花生种子成长为玉米。其次，我们要明白这颗"种子"适合的土壤、温度、湿度和肥料,正如花生和玉米需要不同的成长环境。还有,我们需要无条件接受孩子的本来面貌,看到孩子的优势和长处,而不是紧盯着缺点和不足。

本套丛书就是一套"园丁"手册,力求手把手地教会家长如何培育"种子"。课题组基于二十余年在一线从事家庭教育、心理健康教育和学校教育工作的经验,提出了孩子成长的"三力"模型:内驱力、影响力、源动力。本套丛书共包含三册,第一册《孩子自主成长的内驱力》聚焦孩子自主成长的三种需要:生存的需要、关系的需要、发展的需要,让家长了解孩子成长的内部动力;第二册《孩子健康成长的影响力》聚焦孩子健康成长的核心影响力——爱,述及十二种积极因素:爱、积极关注、倾听、理性平和、共情、包容、接纳、利他、勇气、无条件信任、积极期望、积极暗示,让家长了解影响孩子健康成长的诸多因素;第三册《孩子积极成长的源动力》聚焦孩子终身成长的五大要素:希望、积极自尊、坚毅、乐观和积极情绪,让家长了解如何促进孩子终身成长。

黎巴嫩诗人纪伯伦在其诗作《论孩子》中写道:

> 你们的孩子,都不是你们的孩子,
> 乃是"生命"为自己所渴望的儿女。
> 他们是借你们而来,却不是从你们而来,
> 他们虽和你们同在,却不属于你们。

让我们一起用心建设出百花齐放的花园。

序
教育，要关注孩子的心理健康

近期四川大学华西医院一项针对四川中学生的心理健康水平调研发现，四川中学生的希望、自尊、坚毅、幸福、社会智慧、积极情绪稳定性水平低于全国平均水平，抑郁和焦虑情绪问题尤为突出，反映出成长的积极心理力量匮乏。出现问题的主要原因来源于教育环境，特别是家庭教育环境的影响较为突出。

不同年龄段的孩子在不同方面表现出心理困扰。具体而言，小学的孩子主要在情绪问题（焦虑、压力）、人际关系（同伴关系、师生关系）方面表现出困扰。初中的孩子主要在行为问题（自伤行为）、学业负担和人际关系（亲子关系、同学关系、师生关系）方面表现出困扰。高中的孩子主要在行为问题（自伤行为）、学业负担、情绪问题（焦虑、抑郁、压力）方面表现出困扰。

从积极心理品质、情绪与行为问题两个方面进行分析，孩子总体心理状况符合发展的趋势，整体心理健康状况良好。但小学与中学的孩子心理现状存在差异：在积极心理品质方面，小学生在创造性、外倾性、宜人性、情绪稳定性、责任心和自尊水平方面表现优于中学生；在情绪与行为问题方面，小学生出现抑郁、焦虑、压力大、生活满意度低、自伤行为的比例相对较低，初中生次之，高中生比例最高，这提示了随着年龄的增大，孩子的心理健康现状偏离正常的概率更大。

研究发现，孩子的心理健康现状受到多种因素的影响。首先，内心存在的情绪、希望、自尊、自信等状态,对心理健康起着重要作用。积极内心存在状态有助于孩子建立健康的心理状态,提高学习能力和适应能力。其次,睡眠对孩子心理健康的影响不可忽视。充足的睡眠是孩子保持良好心理状态的重要保障。缺乏睡眠会导致其出现注意力不集中、记忆力下降、情绪波动等问题,进而影响学习和生活质量。此外,运动也是影响心理健康的重要因素之一。适度的体育锻炼可以促进孩子身心健康发展,增强其自信心和积极心态。同时,运动还能缓解压力、抑郁和焦虑情绪,提高情绪稳定性。家庭社会经济地位和家庭结构也会对孩子心理健康产生影响。家庭社会经济地位较低的孩子可能面临更多的压力和困扰,家庭结构的稳定与否也会对孩子的心理状态产生一定影响。良好的家庭环境和支持有助于孩子建立积极的心理状态。养育风格和父母关系对孩子心理健康同样具有重要影响。温暖、支持和理解的家庭氛围有助于孩子建立积极的自我形象和自信心,而严厉、冷漠的养育风格可能会导致孩子出现心理问题。整体而言,家庭与学校环境与压力、焦虑、抑郁等心理健康结果呈负相关,与人格特质(创造性、外倾性、宜人性、情绪稳定性、责任心、自尊水平)和生活满意度呈正相关。其中,家庭功能、人际关系对积极心理品质和情绪与行为问题的影响最突出。

面对这样的情形,本课题组从积极心理资本的视角出发,结合孩子心理健康和教育环境的现状,探索出一些能有效提升孩子心理健康水平,帮助孩子积极成长的方法和技术。

第一,优先积极教育是一种以积极心理学为基础的教育方式,它强调积极关注、信任、尊重孩子的成长与发展,激发孩子内在的力量,不断积累积极心理资源,构建孩子的积极心理资本,帮助孩子更好地应对生活中的压力,增强自我成长的源动力,促进自我不断成长,终身发展。第二,课题组深入研究了"修复童年创伤"的过程。童年时期的创伤经历可能对个体的心理健康产生长期的影响,我们分享了一系列的工具和技巧,帮助孩子正确面对和处理过去的伤痛,恢复内心的平衡与和谐。第三,关注"调控焦虑情绪"的理论和技术。童年时期的焦虑情绪困扰如果持续存在,会严重阻碍孩子形成健康人格，降低生活质量。在充分了解童年焦虑的根源和影响的基础上，我们提供了实用的方法和策略，帮助孩子调控焦虑，重建内心的安全感和自信心，为提升孩子的情绪智力打下坚实的基础。第四，读者可以借助我们提供的一系列技巧和方法，引导孩子通过积极的心理实践和自我成长来建立积极心理资源，增强心理资本，以更好地应对生活中的各种挑战，获得真正的幸福，积极成长。

通过这些章节，读者将获得实用的知识和工具，帮助孩子保持积极的心态，处理过去的创伤，开发情绪智力，建立强大的积极心理资源。这将为孩子们的心理健康和积极成长储备强大的源动力，使他们能充分开发和利用自我潜力，达到自我实现。

无论你是教育工作者、家长还是普通读者，本书都将为你提供有益的启发和实用的指导，让你在心理健康与积极成长的道路上迈出坚实的步伐。让我们一起探索心理资本的奇妙力量，开启心灵的奇迹之旅！

目　录

导　言 /1

道路的选择——积极心理学 /4
    积极心理学的概念 /4
    积极心理学的启示 /7

心理资本视角下的心理健康 /9
    心理资本的概念 /9
    心理资本的作用 /11

心理健康提升模型 /12
    整体策略 /13
    个体策略 /14

支柱一：优先积极教育 /15

第一节　积极教育的核心要素 /18
    一、积极环境 /18
    二、核心优势 /22
    三、社会贡献 /23

第二节　积极教育的意义 /24

支柱二：修复童年创伤 /27

第一节 认识童年创伤 /31
一、童年创伤的概念 /31
二、家庭虐待的原因和类型 /31
三、创伤的身心症状 /34
四、创伤代际传递特性 /36
五、创伤的修复路径 /39

第二节 管理创伤记忆 /41
一、直面创伤记忆 /41
二、演出创伤记忆 /52
三、发展"自我安全地带" /63

第三节 重构自我认知 /66
一、五因素模型 /66
二、重构自我认知的步骤 /71
三、重构自我认知的策略 /72

第四节 自我共情 /74
一、自我接纳 /74
二、自我理解 /75
三、联结共性 /77
四、自我宽恕 /79

第五节 自我关爱 /80
一、关注本真感受 /80
二、自我抚慰 /83
三、结束自我苛责 /87

支柱三：调控焦虑情绪 /91

第一节 认识童年焦虑 /94

一、焦虑的概念 /95

二、焦虑的表现 /95

三、焦虑的作用 /97

四、焦虑的连锁反应 /97

五、焦虑的历程 /100

六、焦虑的根源 /105

第二节 焦虑调控技术 /110

一、感受到镇定 /111

二、健康的内稳态 /112

三、完全接纳 /117

四、增强自我分化能力 /121

支柱四：建立心理资源 /129

第一节 无畏的希望（目标与路径） /133

一、希望理论 /133

二、发展目标思维 /139

三、发展路径思维 /144

第二节 积极的自尊（能力与价值） /151

一、自尊的概念与内涵 /151

二、积极自尊的培养 /164

第三节 坚强的意志（自律与毅力） /178

一、认识意志力 /178

二、增强意志力 /179

第四节　真正的幸福（乐观与发展）　/195
　　一、幸福的作用　/195
　　二、乐观的心态　/197
　　三、积极的关系　/206
　　四、投入的生活　/208

参考文献　/215

后　记　/223

导 言

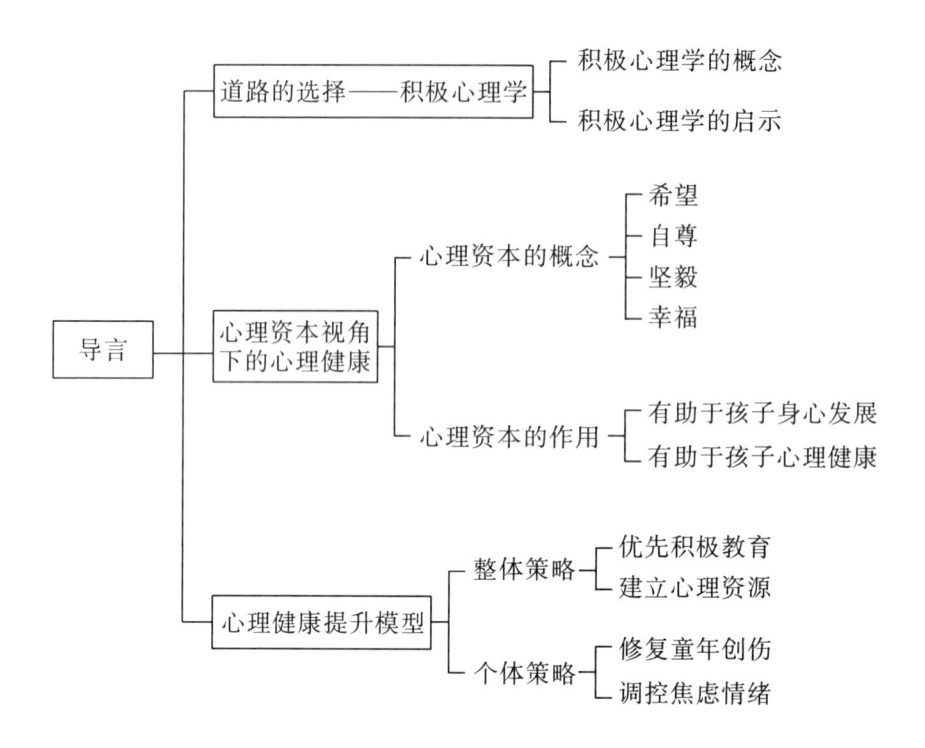

```
                                                    ┌─ 积极心理学的概念
                            ┌─ 道路的选择——积极心理学 ─┤
                            │                        └─ 积极心理学的启示
                            │
                            │                                  ┌─ 希望
                            │                                  ├─ 自尊
                            │              ┌─ 心理资本的概念 ──┤
                            │              │                   ├─ 坚毅
                            │              │                   └─ 幸福
            导言 ───────────┼─ 心理资本视角 ┤
                            │   下的心理健康 │
                            │              │                   ┌─ 有助于孩子身心发展
                            │              └─ 心理资本的作用 ──┤
                            │                                  └─ 有助于孩子心理健康
                            │
                            │                        ┌─ 优先积极教育
                            │              ┌─ 整体策略 ┤
                            │              │         └─ 建立心理资源
                            └─ 心理健康提升模型 ┤
                                           │         ┌─ 修复童年创伤
                                           └─ 个体策略 ┤
                                                     └─ 调控焦虑情绪
```

心理健康提升是以积极力量促进和改善孩子心理健康，增强幸福感为目的的过程，该过程涵盖个人、家庭、学校、社区等多个社会层级。

心理健康是指一个人的情绪、心理和社会适应能力处于正常状态，能够正常思考、表达和行动。它是一个全面的概念，不仅仅是没有心理疾病或障碍。心理健康状况是我们生活中的一个重要组成部分，它影响着我们的思维、情绪和行为方式，也影响着我们如何应对压力、与他人相处、做出选择等。

心理健康的标准并不是固定不变的，而是会随着社会、文化和个人的变化而变化。但一般来说，心理健康的人会展现出一些共同的特征，例如：了解自己的能力和潜能，能够应对生活的压力和挑战，能够建立满意的人际关系，能够给社会做出贡献等。

心理健康并不意味着一个人必须始终感到快乐或满足。痛苦和不安也是生活的一部分，我们都会经历这些情绪。心理健康的人能够认识到这些情绪是暂时的，并能找到方法来应对和管理这些情绪，同时，积极投入到追求有意义的目标的生活中，充分体验主观感受到的幸福。

积极心理学认为，心理健康是我们身心健康的重要部分，它与我们的幸福感密切相关，完全的心理健康是"高水平的情绪幸福感、心理幸福感和社会幸福感的整合，且最近没有心理疾病"[1]。情绪幸福感，即主观幸福感，是指拥有积极情感且对生活满意，少有消极情感。心理幸福感包括自我接纳、个人成长、人生目标明确、环境掌控、自主、与他人保持积极

---

[1] 斯奈德、洛佩斯：《积极心理学：探索人类优势的科学与实践》，王彦等译，人民邮电出版社，2013年版，第132页。

关系。社会幸福感包括社会连接、社会接纳、社会实践、社会共建、社会一致、社会整合。

一个人心理和行为的发展并非到成年期就结束，而是贯穿整个生命过程，它是动态、多维度、多功能和非线性的，心理结构与功能在人的一生中都有获得、保持、转换和衰退的可能性。应从"孩子是发展中的个体"的观念出发进行学校、家庭教育。

道路的选择——积极心理学

在教育模式和道路的选择上，我们把目光转向了积极心理学。

传统的心理辅导往往是以问题为中心，由心理专家主导，学生被视为被动的接受者。然而，积极心理学强调的是学生的主体性和自我决定权。它鼓励学生积极参与自己的心理健康改善过程，发挥自己的主观能动性。

积极心理学的概念

积极心理学是揭示人类的优势和促进其积极机能的应用科学，致力于识别和理解人类优势和美德，帮助人们提升幸福感、生活得更有意义。这门学科着重研究让生命更有价值和更有意义的内容，揭示人类的积极成就、人生和社会美好的科学机制，持续帮助个体、组织幸福和繁荣兴旺，它认为生命最大的成功在于建立及发挥自我的优势，每天都用优势去创造真正的幸福和丰富的满足感，创造各个层面的美好生活，旨在增进幸福，而不是减轻痛苦。积极心理学关注的主要内容包括积极情绪、积极特质与积极组织。

积极情绪可以是有关过去、现在和未来的。对未来的积极情绪包括乐观、希望、信心和信任；对现在的积极情绪包括欢乐、狂喜、平静、热情、愉悦和心流体验；对过去的积极情绪包括满意、满足、成就感、骄傲和平静。了解和掌握这三类不同的情绪，便可以通过改变对过去的看法、对未来的希望及对现在的体验，来将自己的情绪导向积极。

积极特质是与美好生活相关的美德（人的基本品性）和优势（实现美德的途径）。积极心理学奠基者彼得森和塞利格曼将人类个体的优势归结为六种美德共二十四项优势（见表1）。

表1 美德与优势

美德	优势
智慧与知识	好奇心
	热爱学习
	判断力
	创造性
	社会智慧
	洞察力
勇气	勇敢
	毅力
	正直
仁爱	仁慈
	爱
正义	公民精神
	公平
	领导力
节制	自我控制
	谨慎
	谦虚

续表1

美德	优势
精神卓越	美感
	感恩
	希望
	灵性
	宽恕
	幽默
	热忱

积极组织包括家庭、学校、社区和社会等，这些积极组织的建立，有利于创造和发展优势，形成美德，培养健康的人格。

积极心理学研究的这三类问题，实际上就是人类获得幸福的基本路径，也是积极教育的基础理论和基本原则。

塞利格曼等人提出，积极心理学要以研究人的幸福为中心。积极心理学将研究重点放在人和人类社会的积极力量上——投资和开发积极心理品质，帮助人们在身体、心理、社交、情绪等多方面达到最佳状态，以求"个人和集体都能够获得长足的发展"。积极心理学以人固有的、实际的、潜在的、具有建设性的力量、美德和善端为出发点，提倡用一种积极的心态对人的许多心理现象（包括心理问题）做出新的解读，从而激发人自身内在的积极力量和优秀品质，帮助人最大限度挖掘自己的潜力而获得幸福，不仅帮助有各种问题或障碍的人正常生活，还要关注如何提高正常人的生活质量。

积极心理学相信，在一个积极社会组织系统中，每一个孩子身上都蕴藏着美好、善良的种子——积极心理品质。教育者应该善于发现并引导孩子发扬这些品质。

积极心理学的启示

一百多年来，心理学家对儿童心理发展的特点不断探索和积累，揭示了儿童心理发展的诸多本质特征，描绘了时代变迁在儿童心理发展中留下的印记，但也展现出明显的时代特点，即过分关注心理问题，比如抑郁、焦虑、恐惧、自卑……过于关注问题则会使人们感到茫然。人本主义心理学家马斯洛早在20世纪50年代就提出，早期的心理学关注了太多的心理问题，研究了太多有心理疾病的人的案例，却忽视了那些健康、优秀、成功之人的心理活动。塞利格曼也提出心理学面临的三个重要的使命：治疗和修复人已有的精神或心理疾病；帮助人们生活得更加充实、更加幸福；发现并培养人的潜能。早期的心理学并不能完全承担起三个使命的重任。塞利格曼等积极心理学创始人进行了一次富有创意的逆向思维：我们心理学家为什么一定要将精力花在心理疾病上呢？

许多专家与学术机构经过多年观察和分析后发现，真正决定孩子成功的最重要的因素不是天赋，也不是知识，而是教育能否帮助孩子培养以"品格优势与美德"为核心的积极天性，全面而健康地发展。1998年，新当选为美国心理学会主席的塞利格曼正式提出"积极心理学"的理念。他认为，心理学在过去更多地关注人类消极的方面，相当于把一个人的心理状态从－6提升到＋2，而积极心理学则更加关注人类的积极品质与美德，致力把人的心理状态从＋2提升到＋6。

2001年，世界卫生组织专门就"心理健康"概念进行了界定，认为"心理健康是一种健康或幸福状态，在这种状态下，个体可以实现自我，能够应对日常的生活压力，工作富有成效和成果，以及有能力对所在社区做出贡献"。心理学家慢慢意识到，即使他们帮助一些人消除了消极方面的问题，如果这些人本身缺乏积极的力量，或者说其本身所具有的积极力量不足，那么他们依然难以成为一个积极发展、幸福和自我实现的人。人们成长与进步的能力取决于个人独特的品质和积极的力量，它会帮助人们在各个领域的学习和生活中形成积极心理，并同时增强其个人的适应性。

积极心理学致力于让好东西变得更好，它关心的是如何培养每个人的积极态度，如何培养每个人的积极力量，以及如何寻找到更深层次的幸福。积极心理学不仅帮助人们意识到如何面对消极，而且帮助人们意识到如何掌控积极；不仅要探讨心理问题，对抑郁、焦虑、恐惧、自卑等消极心理现象开展研究，更要研究快乐、希望、责任、幸福等个体优势，以及个体如何获得这一系列与积极人格相关的个体优势。开发和培养个体优势与潜能，不仅可以防止问题的发生，而且可以帮助人们干预心理问题，创造幸福的、有意义的人生。

在积极心理学的影响下，帮助人们建立积极情绪、寻找幸福的教育就此诞生和发展，即积极教育。这种教育理念已经在家庭教育、学校教育和社会教育中得到广泛的应用。

在积极心理学的指导下，我们可以培养学生的乐观态度、自尊心和积极的目标导向。积极心理学强调的是个体的潜能和成长，通过正向的心理干预和支持，学生可以建立积极的自我认知和自我评价，提高自我效能感和自信心。这些积极心理特质将有助于学生在面对困难和挑战时保持积极的心态，更好地应对压力和逆境。

采用积极的方式来提高学生心理健康水平是基于以下逻辑：大多数学生是心理健康的，他们具备一定的心理韧性和积极情绪；积极心理学的方法可以帮助学生培养乐观态度和自尊心，提高自我效能感和适应能力；面对存在心理问题的学生，采取相应的"减法"，解决具体的问题。通过积极的方式，学生可以更主动地参与自己的心理健康管理和提升过程。积极心理学的方法注重个体的优势和积极经验，通过加法的方式累积积极心理资源，即心理资本。通过培养和累积心理资本，学生能够更好地应对挑战、提高适应能力，并在学业和生活中取得更好的成就。接下来，我们将进一步探讨心理资本在提升学生心理健康水平中的重要作用。

心理资本视角下的心理健康

心理资本的概念

心理资本的概念最早出现在经济学、投资学和社会学等文献中。一些经济学家认为，心理资本是指能够影响个体的生产率的一些个性特征，这些特征反映了一个人的自我观点或自尊感，支配着一个人的动机和对工作的一般态度。在这一定义中，心理资本被看作个体在早年生活中形成的相对稳定的心理倾向或特征，主要包括个体的自我知觉、工作态度、伦理取向和对生活的一般看法。

路桑斯认为心理资本是个体一般积极性的核心心理要素，具体表现为符合积极组织行为学标准的心理状态。路桑斯从积极心理学和积极组织行为学的角度，将心理资本定义为个体具有的一种积极的心理发展状态，主要包括自信或自我效能感、希望、乐观和坚韧四个维度。他强调了心理资本的可测量性、可开发性和可管理性，并提出了心理资本投资、开发和管理的具体方法。与以往对心理资本的理解不同的是，他将心理资本视为一种符合积极组织行为学标准的积极心理状态，而非明确定义的概念。

我国学者田喜洲认为心理资本不仅包括自信、希望、乐观、坚韧四个维度，还应该包括积极能力、快乐（幸福）、情绪智力等结构维度，其中的积极能力包括认知与情感导向的积极能力（如创造力、智慧、幸福感、信任等）和社会导向的积极能力（如感恩、宽恕和情绪智力）；快乐（幸福）是指使人心情舒畅的一种主观体验；情绪智力是指察觉自己和他人的感受、自我激励、自我管理以及与他人融洽相处的能力。曹鸣岐的研究表明，心理资本的结构维度包括希望、乐观、主观幸福感、情绪智力、韧性、组织行为六个方面。本课题组根据孩子心理现状与成长的影响因素分析，认为积极成长的心理资本由希望、自尊、坚毅和幸福四个核心要素构成。四个要素相互关联，共同影响孩子的心理健康和积极心理品质。

希望

希望是首要的心理资本。充满希望的个体，对未来有积极的期待——相信未来会更好。他们有能力找到可以达到预期目标的途径，并且有动机使用那些途径。他们善于将顶层目标分解为支持性的中层目标和底层目标——目标具体化。具备使用这些途径达到积极目标的激情和力量——积极和努力。在压力和困境中，能够创造性地提出达成预期目标的新路径策略，创造、整合和利用相关的核心优势，实现目标。

自尊

自尊是个体对自我能力和自我价值的评价性情感体验，包含了对自我的接受程度、自我评价、与他人的比较和自我效能的判断。积极的自尊反映了个体的高自信心和自我价值感，相信自己有能力应对困难和取得成功，利用自己的优势积极面对挑战，有助于个体保持积极的心态和行为。

在儿童的早期，当其得到比其他孩子更多的喜爱，接收到身边的人对他的正面评价时，自尊就开始形成。之后正面的评价会进一步加强个人的自尊。自尊更多被看成一种人格特质，而非一种稳定不变的个体特征。自尊可以随着个体的经历、与他人的对比或者外界的评价而改变。

坚毅

坚毅即坚定有毅力。毅力就是一个人坚强持久的意志，指在很长的一段时间里持续追求同一个顶层目标，自我约束，坚持不懈。坚毅的人可以清醒地支配自己的时间，整合资源，激发潜能，即使面对严峻挑战和不幸，他们也能够尽快恢复，追求预期的目标，取得不菲的成就。

幸福

主观幸福感涉及个体对当前状况的主观评价，它包括积极情感（没有消极情感）和总体生活满意度（对生活的主观评价）。主观幸福感这个术语常常被作为幸福的同义词使用。幸福是一种个体主观界定的积极情绪状态。

幸福力是个体感受幸福和满意的能力。它包括对现在和未来成功的积极归因和积极期待，以及充满力量的愉悦和满意。具备较高的幸福力意味着个体能够积极评价自己的成就和前景，拥有乐观的心态、和谐的关系，从而增强自信和积极性，积极投入到学习生活中，更好地应对挑战和追求成功。

以上几个要素共同构成了个体的积极心理资本。心理资本的积极影响力包括增强个体的心理健康、提高学习和工作绩效、发现和创造及拥有更多的自我突出优势和美德、提升幸福感和生活满意度等。因此，培养和发展心理资本的各个要素对于个体的积极心理品质的养成至关重要。

心理资本的作用

大量的研究和实践证明，积极心理资本有助于维持积极的态度、行为，在身心发展中起着重要的作用，与心理健康密切相关。

有助于孩子身心发展

通过培养和发展心理资本，我们可以帮助孩子增强积极情绪、自我效能感、适应能力和积极行为，提升他们的幸福感，为他们的终身发展打下坚实的基础。这将使他们更有信心、更具抗压能力，更能应对未来的挑战和抓住机遇。

心理资本的核心元素之一是希望，希望使孩子能够设定明确的目标，并为实现这些目标而努力。

心理资本中的自尊元素有助于孩子建立积极的自我形象和自信心，相信自己有能力应对学习任务，并促进他们积极参与学习活动。

心理资本中的坚毅元素有助于孩子更好地应对挫折和失败，并从中学习，使孩子具备面对学习和生活中的变化和压力的能力。

心理资本中的幸福元素使孩子更有信心面对挑战和困难，有助于提高孩子的幸福感和满意度。积极的心态能帮助孩子保持积极的学习态度，相信自己能够克服困难并取得成功。积极的心理状态和自我肯定使孩子更有可能体验到积极的情绪，从而在学习中感到更加满足和幸福。

心理资本在教育中的奠基作用是多方面的。它能够激发孩子的学习动力，培养积极的心态和自信心，提高适应能力，增强孩子的幸福感和满意度。教育者可以通过培养和发展孩子的心理资本，帮助他们取得更好的学习成绩，在学习过程中获得更多的乐趣和满足感。

有助于孩子心理健康

心理资本是个体的积极心理资源的整合，包括希望、自尊、坚毅和幸福四个核心成分。这些积极的心理属性有助于孩子面对生活压力和挑战，从而维护和提升心理健康。

希望可以激发孩子的积极情绪，使他们在面对困难时保持乐观，这对于维护心理健康非常重要。具有高自尊的孩子更能积极应对挑战和压力，他们在遇到困难时更有可能坚持下去，从而减少心理压力和焦虑。具有坚毅品质的孩子在遭遇挫折时能更快地恢复，更好地应对生活压力。幸福力可以帮助孩子保持积极的心态，减少消极情绪的影响，从而有利于心理健康。因此，心理资本是心理健康的源动力。

心理健康提升模型

本书旨在帮助家长和老师更好地提升自我和引导孩子发掘积极的心理资源，实现心理健康，建构积极心理品质。基于心理学理论及教育实践，我们提出"心理健康提升模型"（如图1所示），从修复过往问题、培养当前积极品质、储备未来心理资源三个层面系统提升孩子的心理健康。研究发现，多数孩子心理健康状态良好，适合采用"加法"——优先积极教育、建立积极心理资源；针对少数存在心理困扰的孩子，则启动"减法"——修复童年创伤、调控焦虑情绪。这种"多数滋养，少数修复"的双轨模式，既为所有孩子筑牢心理发展的根基，也为特殊需求者提供精准支持，最终构建积极心理品质，实现健康成长。

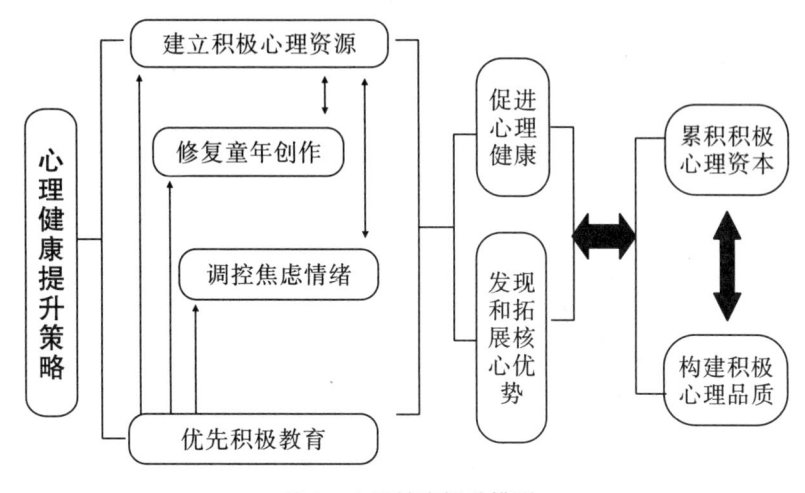

图 1 心理健康提升模型

整体策略

优先积极教育

要想有效提升孩子的心理健康水平，我们首先需要采取整体策略。这个策略的核心是优先积极教育，并在此基础上建立心理资源。积极教育，就是通过积极的心理引导和教育方式，帮助孩子建立积极的人生观、态度和价值观。这意味着不仅要关注学习成绩，更要注重培养孩子的情感智慧和社会技能，让他们在面对挑战和困难时能够保持乐观、勇敢和灵活的心态。

建立心理资源

大多数孩子的心理是健康的，他们的首要任务不是处理心理问题，而是成长和发展。所以整体策略是让大多数孩子发展自己的自我同一性，发展自己的三观，发展自己的个性，建立积极心理资源，在未来能够更好地面对工作和生活。

整体策略的目的是让孩子拥有更多"资源"，更多"资本"，在过去和现在的基础上更好地面对未来。

个体策略

修复童年创伤

创伤是影响孩子心理健康的重要因素之一。创伤可能来自家庭、学校甚至社会，也与孩子的天性有关。童年创伤会对孩子的心理健康造成持久的影响。因此，我们需要针对性地帮助他们修复创伤。

调控焦虑情绪

焦虑是影响孩子心理健康的常见问题之一。面对学业压力、人际关系等各种挑战，孩子很容易感到焦虑不安。因此，我们需要采取相应的个体策略来帮助他们了解焦虑、应用焦虑和调控焦虑。

上述整体策略和个体策略共同促进了孩子心理的健康发展，促进孩子发现、创造、拥有和利用积极心理品质则是这一过程的核心。因此，家长和老师应该注重培养孩子的自尊心和自信心，鼓励他们勇敢面对困难，不断提升自己的能力和素质。同时，我们也要给予孩子足够的支持和鼓励，让他们相信自己可以克服困难，迎接未来的挑战。

支柱一：优先积极教育

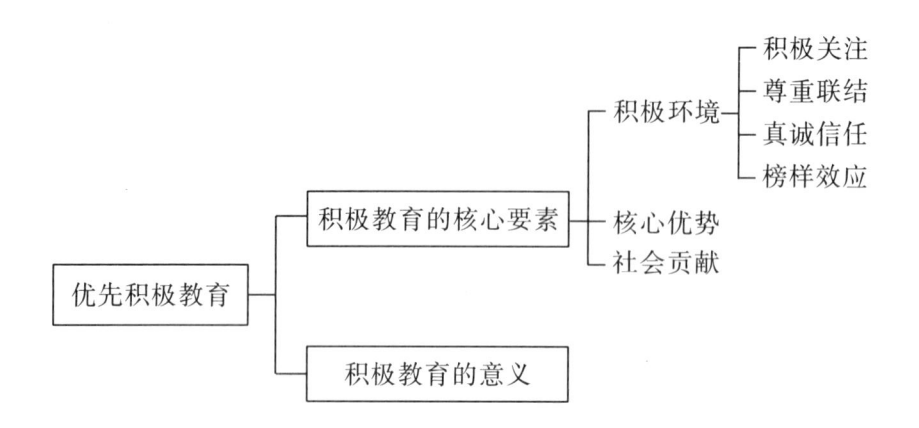

```
                                            ┌─ 积极关注
                              ┌─ 积极环境 ─┤─ 尊重联结
                              │            │─ 真诚信任
            ┌─ 积极教育的核心要素 ┤            └─ 榜样效应
            │                 ├─ 核心优势
优先积极教育 ┤                 └─ 社会贡献
            │
            └─ 积极教育的意义
```

积极教育是一种教育理念，也是一种积极关注和激发孩子潜能的方法，旨在培养孩子积极主动、自信、有创造力和有责任感的品质。它强调孩子的个体差异和发展潜力，鼓励他们积极参与学习过程，并通过积极的心态和行为来实现个人成长。积极教育的核心理念是积极关注孩子的整体发展，而不仅仅关注学习成绩。

"浸润、创造、利用"是优先积极教育的重要策略。

浸润：优先积极教育强调构建积极环境，在积极环境中发现个体的潜能。家长和老师应发挥积极环境的浸润功能，增强孩子的积极情绪，引导他们自由而开放地生活，发现和拓展潜能、优势，激发内在积极成长的力量。

创造：优先积极教育强调引导孩子投入地生活，创造自我核心优势。核心优势是个体心理健康的重要资源。我们应创设以希望为核心的心理健康课程，实施积极教育，充分激发孩子潜能，教育孩子充满激情地投入生活，积累心理资源，敢于挑战。

利用：优先积极教育强调个体利用自己的优势，为社会做出更大的贡献，拥有更加幸福的人生。增大社会贡献是提高个体心理健康水平的重要方式。

积极教育的"浸润、创造、利用"策略，整合性地创造积极环境，利用核心优势，积极创造更大成就和更多优势，持续地追求更大目标，做出更多的社会贡献，促进孩子不仅拥有健康的心理，更拥有幸福、丰盈的人生。

第一节 积极教育的核心要素

根据积极教育模型（如图 1-1 所示），积极教育的核心要素由"积极环境""核心优势""社会贡献"构成。

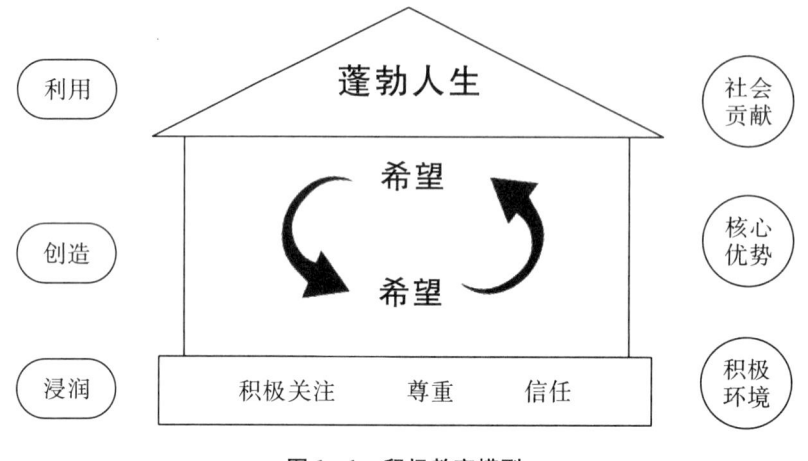

图 1-1 积极教育模型

一、积极环境

积极环境是指有利于孩子自主、健康、积极成长的环境。

积极环境是积极教育的基石。积极教育首先要以改变教育观念为抓手，形成积极教育观，实施积极教育行为，形成积极和谐的环境。

（一）积极关注

积极关注是一种发自内心的，集中精力引导孩子健康成长的行为。它可能来自孩子生命中重要他人（父母、老师、钦佩的人）的陪伴、支持、喜爱和尊重，在孩子应对压力和努力取得成就的过程中起着重要作用。

家长和老师应积极关注孩子的身心发展特征和健康成长的需要，激发孩子自主成长的内驱力；尊重孩子的独特和不同，充分信任每一个孩子都有自我实现的积极动机和力量，给孩子需要的爱；营造一个充满积极关注、尊重、信任、爱的成长环境，充分发挥积极环境对孩子积极成长的浸润力量，用爱的真情（专心、耐心、包容心、公心和信心）增强健康成长的影响力——为孩子建构积极心理品质搭建安全、自由的支持性环境，让孩子在积极环境的浸润下，不断激发和拓展潜能，建构自我积极资源。

积极教育要求把每个孩子都看作健康发展的个体，而不是局限于发现"问题"、改正"问题"。积极关注的重点是发现孩子自身存在的积极力量和潜能，并且引导孩子自己认识到这些力量和潜能。家长应把更多的精力投入重视和建构孩子的积极心理资源，关注孩子人格的完善。①

家长和老师要用积极的视角看待孩子的成长，把集中关注孩子偏差行为的目光，转化为积极、开放、向上的目光，发现孩子成长中的闪光点，发现孩子偏差行为背后的积极心理力量，提供环境和平台激发孩子的潜能，拓展孩子的天赋。在生活中，积极肯定、积极赞赏、积极表扬孩子的每一点进步，每一个闪光点，让他们体验到成就感和满意感，积极强化自主成长。

（二）尊重联结

尊重联结建立在理解孩子的基础上，尊重孩子自主成长的能力和自我指导的权利。我们应该给予孩子需要的关注和陪伴，与孩子平等沟通，把孩子看作一个具有尊严、值得尊重的独立的人。尊重孩子的独特性，看见和接纳其个体差异。

首先，我们应积极倾听——全神贯注地主动、认真地听。关注孩子在

---

① 积极关注的相关内容可参看本套丛书中《孩子自主成长的内驱力》第三章、《孩子健康成长的影响力》第一章。

一定条件下的言、行、情绪反应，从而评估其心理活动。不随便打断孩子的话，不进行价值评价，不带偏见和限制，适当地表示专注。实事求是地理解孩子所表达的真实需求，增强理解和信任。这是积极教育最重要的艺术。

其次，我们应积极回应——对倾听到的信息给予积极反应，对在倾听过程中捕捉到的任何成长的新奇点（孩子的潜能、优势品格如创造力、毅力、仁爱等）做出适当的积极反应。例如，孩子激动地对你说："我这次数学考试得了98分。"孩子的情绪变化就是此时此刻的新奇点。家长应做出主动的、建设性的反应，如："真是太棒了，你这段时间的努力获得了积极回报，真让人高兴！"表现出热情，且以积极的方式适当放大当下的好消息，能促进积极情绪的良性循环。

此外，我们还应积极接纳——不排斥当下的一切对心理、生理产生的影响，能够和平共处。这里的"一切"包含了自我或他人的生理、意识、情感和行为反应带给个体的感受，"和平共处"不代表个体能够很舒服、很自在，而是代表个体不排斥这些影响，能够与不自在、不舒服相处，承认它们存在的合理性，并允许它们同时存在。我们还应认识到，这些不舒服是在提醒我们某方面出问题了，我们可以从这个问题入手进行觉察与调整。

接纳的本质是不对抗。教养者应在正视自己一切优点和缺陷的同时，接受孩子成长中的生理、意识、情绪和行为反应，让孩子感受到关怀、理解和认同。

接纳不同，是指重视孩子自我观点的多样性，确保不同的观点有机会完整表达出来。不能一味地将自己的意愿强加到孩子身上，不能够扼杀孩子的天赋，要善于发现和激发孩子的天赋，积极有效地激励孩子增长自己的才干，最大化地拓展自己的天赋。

我们应鼓励孩子既关注自己与他人不同的观点，也关注自己与他人诸多的共同点。帮助孩子不仅仅从自己的角度出发考虑问题、看待自我，更要站在他人的角度来思考。孩子觉察到自我与他人的相似性，就能够体验到归属感，从而表现得更加积极。

我们还应鼓励孩子与他人合作，尊重和重视他人的思维、情感和投入。在这样既有"我"又有"我们"的积极环境中，有着和谐、合作的氛围，既满足了个体自我关注的需要，又实现了社会联结，孩子能充分体验到独立感、归属感、掌控感，学会整合思维与拓展思维，同时也学会接纳。这种融合的社会化途径是个体实现合作的必经之路，更是人类解决未来问题的一种切实可行的方案。

（三）真诚信任

信任能够助力孩子积极探索，自主成长。信任要从孩子牙牙学语、蹒跚学步、自主进食等开始。家长学会信任，可以产生连锁反应，有助于孩子学会自我管理、自我控制、自我调节，慢慢地孩子就会有效自律，改变冒险或偏差行为。

我们应相信孩子自主成长的能力，改变对待孩子或自己的缺点与不足的消极方式，不是一味呵斥和纠正孩子的不当行为，而是要相信孩子的积极与进步。要多与孩子交流，发现其本身具有的积极力量，促使孩子自主纠正错误，克服缺点，并取得进步。

积极期望是基于信任，对孩子的当下及未来抱持希望。积极期望会产生"期望效应"——让希望或预言成为现实。①

（四）榜样效应

教养者积极的榜样效应是积极环境浸润的重要因素。

孩子在成长过程中，逐渐构建自我概念。环境中最具影响力的是孩子的重要他人（教养者）的言行。孩子能够敏锐地感受到重要他人的言行举止、情绪变化，这些"榜样"时时刻刻地影响着孩子内在生存模式的建构和自我概念的形成。教养者爱的表达、幸福的感受、品格优势在现实生活

---

① 有关期望效应的内容可参看本套丛书中的《孩子健康成长的影响力》第十一章。

中的行为反应等，都能够从其兴趣特长、行为表现、人际交往、情绪中反映出来，会影响孩子的选择倾向、行为倾向、情感表达倾向和社会交往倾向。比如，孩子能从父母持之以恒地体育锻炼中，看到投入、专注、热爱、坚毅，自己也会自然而然地效仿、学习，也会投入足够的专注力去践行，去挑战，发现乐趣。所以，教养者的行为状态、心理状态是影响孩子构建自我的最重要的因素。积极心理学认为，激发出人性中的那些美好的品质，如宽容、责任、利他，人就会感受到快乐。分数并不是一切，在重视孩子成绩的同时，更要重视孩子积极品格的培养。教养者应以实际行动教育孩子关心他人、帮助他人，学会与他人和睦相处，懂得承担一定的社会责任。孩子在帮助别人、履行职责的同时，也会感受到自身价值得到实现的那种快乐。教养者应发挥榜样的作用，教会孩子如何做人，教会他们如何用心灵感受生活中的善与美，激发他们对周围世界的爱，让他们在积极品格的形成中体会到快乐。

二、核心优势

本书导言中已经提到，优势是实现一个人的美德的途径。核心优势是构成孩子积极心理资本的重要因素，是积极教育的核心部分，是孩子内在的竞争优势，路桑斯把它称为人的"内在英雄"。

积极教育就是要根据孩子的心理现状和天赋，改变教育方法，创新课程内容和课程形式，开展丰富多彩的实践活动，支持和促进孩子投入到学习和实践当中，激发孩子的潜能，开发和创造自我核心优势，累积积极心理资本，增强积极成长的源动力。

积极教育课程围绕孩子的心理现状和影响因素，以团体辅导、实践操作为主体，通过解决过去和当下的心理困扰——"修复童年创伤""调控焦虑情绪"，提高孩子的心理韧性，促进心理健康，以便更好地应对生活中的挑战和困难；通过"建立心理资源"，帮助孩子获得或激发潜在的积极力量，促进心理健康，累积积极心理资本，创造和拥有自我最突出的积极心理品质。

每个孩子都是充满希望的个体,应当以赞美的方式告诉每一个孩子,让他们带着自我的美德和优势去生活、学习,为孩子创造可一生享用的财富——积极心理资源。即使是面对出现心理困惑和心理问题(如被"童年创伤"困扰)的孩子,也要以积极的态度和专业的辅导技术激发他们克服问题的信心,在补救和修复伤害的基础上,发掘其自身所拥有的潜能和力量。

所以,我们把"修复童年创伤""调控焦虑情绪""建立心理资源"作为心理健康提升模型的另外三个支柱,与优先积极教育共同组成"心理健康提升模型"。后面将会系统呈现这三大支柱的详细内容。

三、社会贡献

社会贡献指个体让他人、社会受益的积极行为或成就。社会贡献是积极教育的目标,优先积极教育强调个体与更大的社会联结,教导孩子积极改变自我,增强社会责任感,积极思考和行动。

在培育孩子的核心优势的同时,要帮助孩子建构"无论有多少优势,只有将其运用到学习、生活当中,发挥其积极作用,积极优势才有积极意义"的信念。指导孩子唤醒内在的积极心理力量,充分利用自己的最突出优势和社会技能,积极投入生活,实现自我价值,并且积极参与社会实践活动,回报社会和他人对自己的支持。

在关心他人、服务社会的过程中,孩子能够充分体验主观幸福感,逐渐拥有健康的心理和更加蓬勃的人生,做出更大的社会贡献。

第二节 积极教育的意义

积极教育是一种教育理念，旨在培养孩子积极主动、自信、有创造力和有责任感的品质。它强调孩子的个体差异和发展潜力，鼓励他们积极参与学习过程，并通过积极的心态和行为来实现个人成长和成功。积极教育的核心理念是积极关注孩子的整体发展，而不仅仅关注他们的学习成绩。

实施积极教育，一方面能够帮助孩子保持乐观，获得延迟性满足，增强意志，提高免疫力，另一方面也可以帮助孩子建立有意义的社会关系，并在其中找到更深层次的意义感和满足感，从而极大地提高孩子的学习成绩。如果孩子具备了以上这些积极品质，他们就更有可能获得成功的人生，因为在经历生活中无法避免的逆境、失败和困难时，孩子已经具备了面对它们的能力。不仅如此，积极教育还可以帮助孩子获得更持久的幸福，让他们更加热爱生活，达到更高的人生高度，获得更完美的人生。

积极教育是促进幸福的教育。积极教育应用积极心理学理论和技术，不仅主张关注孩子的知识与技能，同时也关注孩子的心理健康，非常重视其品格与美德的培养，其教育理念与"立德树人"的根本任务是一致的。运用积极心理学的原理，关注每个孩子在各个成长发展阶段所拥有的天赋和积极资源，开发、培养和应用孩子的美德和积极心理品质，增强其积极心理力量，帮助孩子构建长久持续的积极心理资源，以便追求幸福。

传统教育强调关注和纠正孩子成长中的偏差行为或不足，而忽视其成长中的积极特征与个性特征，导致孩子更容易出现"习得性无助"，丧失成长的自信和勇气。积极心理学认为过分关注心理问题并不利于心理状态的调节，关注心理优势则可以让我们更容易激发内在潜能，建立积极心理资源，促进积极成长，体验到愉悦情绪和对生活的满意，感受幸福。积极教育能使孩子更热爱学习、享受学习，关爱他人、管理情绪，从而拥有良好的人际关系、坚毅的品质和抵抗挫折的能力，勇敢面对困难或困扰，对人生充满希望。具体体现在下面三点。

第一，积极教育不仅能让孩子产生正面的学习效应，还能够促进孩子参与教育活动并增强其积极向上的力量，既提高了他们的成绩，又增强了积极情绪和情绪调节能力，提高心理健康水平。特别是在一个需要终身学习的时代，培养孩子的学习习惯和学习动机，其实比单纯地培养孩子的应试能力更有价值和意义。

第二，积极教育不仅要提高孩子的学习成绩，还要培养孩子与他人交往、合作的能力。不是教他们如何去竞争，或者用蛮力去获取资源，而是要教会他们善于建立和利用积极资源，善于与他人合作，战胜困难。我们的目标是使孩子获得积极的人际关系，增加对他人或自身的积极关注，提升孩子的自尊水平和自我实现感。

第三，积极教育与传统的知识教育相辅相成，不仅要让孩子掌握知识，更要面向孩子的未来，拓展潜能，点亮孩子生命中的积极天性，增强孩子调控情绪的能力，帮助孩子在未来获得全方位的发展。

积极教育是促进全面发展的教育。积极教育是以关怀、信任和尊重多样性为基础的教育，不仅纠正孩子成长中的偏差行为或弥补不足，更主要是以孩子外显和潜在的积极力量为出发点，发掘和培养孩子的美好特质——积极心理品质，并在实践中对这些积极力量进行应用和扩大。以孩子的积极体验为主要途径，培养他们的积极品格及创造幸福人生的能力，其核心思想是让孩子具备在失败中站起来的积极力量——在多次跌倒后，仍然有意愿、有勇气、有能力爬起来，不断地战胜生活中的种种困难与挑战、痛苦与艰辛，最终拥有灿烂的人生，成就更好的自己。

积极教育是学校教育和家庭教育融合的教育。家庭教育最大的愿望是孩子健康、幸福，学校教育的重要目标是教会孩子学习，拥有取得成就的技能——成功的方法。积极教育提出，学校不仅要教给孩子成功的方法，还要培育孩子幸福的能力。在当今焦虑、抑郁情绪泛滥的状况下,传统的只提高孩子学习成绩的教育模式,已不能适应孩子健康成长的需要,优先实施积极教育,提高幸福的能力势在必行。积极教育在提高孩子幸福的能力,增强孩子的幸福感,促进孩子自主学习等方面具有重要作用。

支柱二：修复童年创伤

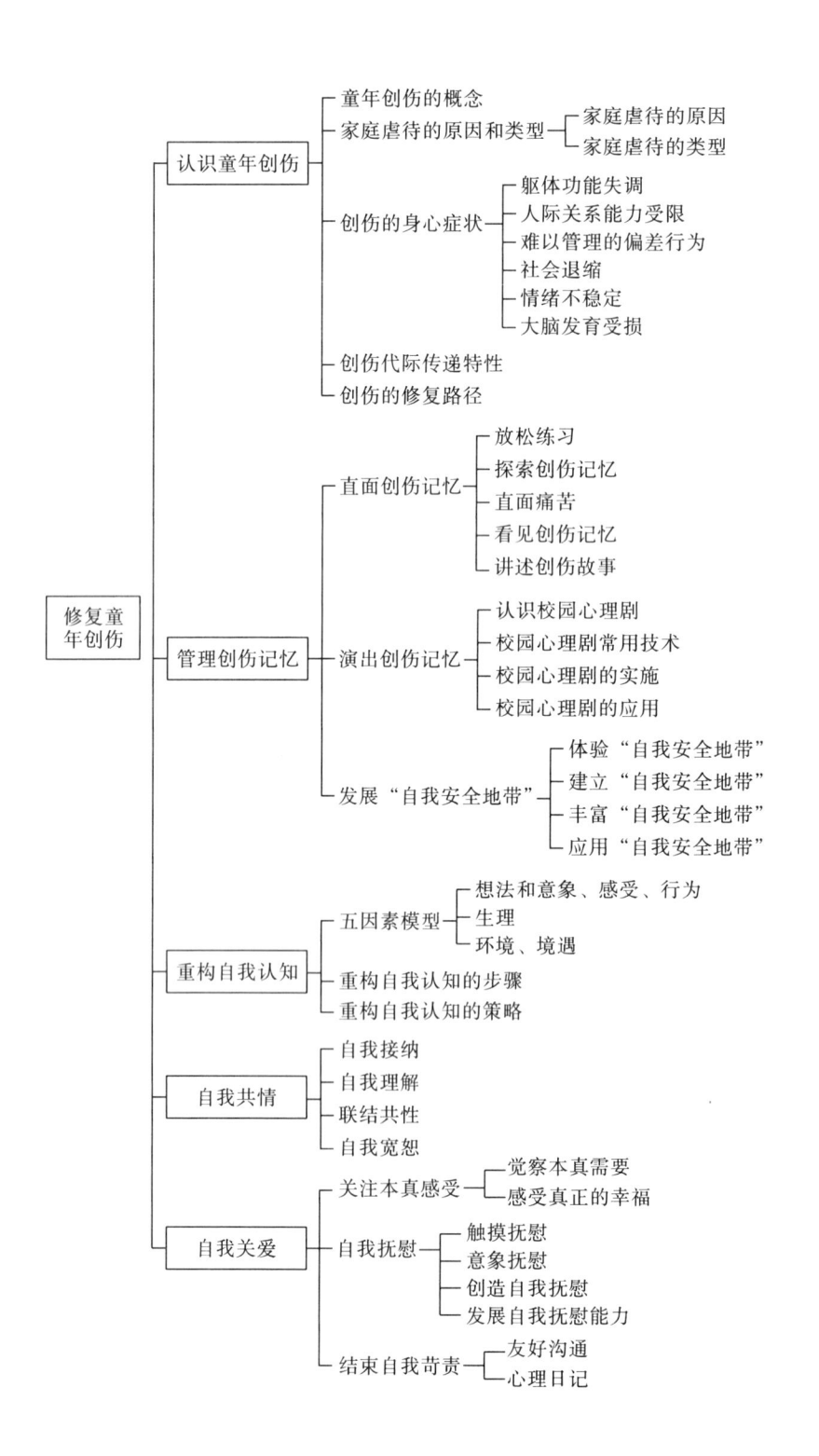

```
修复童年创伤
├─ 认识童年创伤
│   ├─ 童年创伤的概念
│   ├─ 家庭虐待的原因和类型
│   │   ├─ 家庭虐待的原因
│   │   └─ 家庭虐待的类型
│   ├─ 创伤的身心症状
│   │   ├─ 躯体功能失调
│   │   ├─ 人际关系能力受限
│   │   ├─ 难以管理的偏差行为
│   │   ├─ 社会退缩
│   │   ├─ 情绪不稳定
│   │   └─ 大脑发育受损
│   ├─ 创伤代际传递特性
│   └─ 创伤的修复路径
├─ 管理创伤记忆
│   ├─ 直面创伤记忆
│   │   ├─ 放松练习
│   │   ├─ 探索创伤记忆
│   │   ├─ 直面痛苦
│   │   ├─ 看见创伤记忆
│   │   └─ 讲述创伤故事
│   ├─ 演出创伤记忆
│   │   ├─ 认识校园心理剧
│   │   ├─ 校园心理剧常用技术
│   │   ├─ 校园心理剧的实施
│   │   └─ 校园心理剧的应用
│   └─ 发展"自我安全地带"
│       ├─ 体验"自我安全地带"
│       ├─ 建立"自我安全地带"
│       ├─ 丰富"自我安全地带"
│       └─ 应用"自我安全地带"
├─ 重构自我认知
│   ├─ 五因素模型
│   │   ├─ 想法和意象、感受、行为
│   │   ├─ 生理
│   │   └─ 环境、境遇
│   ├─ 重构自我认知的步骤
│   └─ 重构自我认知的策略
├─ 自我共情
│   ├─ 自我接纳
│   ├─ 自我理解
│   ├─ 联结共性
│   └─ 自我宽恕
└─ 自我关爱
    ├─ 关注本真感受
    │   ├─ 觉察本真需要
    │   └─ 感受真正的幸福
    ├─ 自我抚慰
    │   ├─ 触摸抚慰
    │   ├─ 意象抚慰
    │   ├─ 创造自我抚慰
    │   └─ 发展自我抚慰能力
    └─ 结束自我苛责
        ├─ 友好沟通
        └─ 心理日记
```

支柱二：修复童年创伤

童年创伤对成长有深远的影响，不仅可能导致自我认同感低、情绪调节能力低下、人际关系差，还会引起身体、心理健康问题，影响学业和职业发展。

需要指出的是，每个人对童年创伤的反应是不同的，有些人能够适应并克服创伤，而另一些人可能需要专业的支持和治疗。关键是提供支持和资源，以帮助那些受创伤影响的个体重建他们的生活，并促进他们的成长和康复。

修复童年创伤是一个复杂而漫长的过程，需要通过多种途径来实现。其中，管理创伤记忆、重构自我认知、自我共情和自我关爱是四个关键的方面。

童年创伤往往伴随着深刻的记忆，这些记忆可能在成年后仍然影响个体的情绪和行为。管理创伤记忆的关键在于学会面对和处理这些记忆，而不是试图压抑或忽视它们。通过重新审视过去的事件，并将其与当下的现实分离，个体可以逐步消解创伤记忆带来的痛苦。

童年创伤可能会导致个体形成负面的自我认知，觉得自己不够好、不值得被爱或总是有缺陷。重构自我认知是修复创伤的核心步骤之一。个体需要通过反思和自我对话，识别并挑战这些负面的自我认知，逐步建立更加积极、真实的自我形象。心理咨询、正念练习、与支持性群体的互动，都是帮助个体重构自我认知的有效方法。

自我共情是指个体能够对自己的情感和经历表示理解和关怀，而不是苛责自己。童年创伤往往会导致个体对自己的情感缺乏共情，甚至会导致自责或羞愧。培养自我共情能力是修复创伤的重要途径之一。通过正念冥想、自我对话、写作等方式，个体可以学会以温柔和理解的态度对待自己，接纳自己的脆弱和不完美。

自我关爱是对自身的身心健康进行积极的照顾和维护。童年创伤的修复需要个体在日常生活中实践自我关爱，包括维持健康的生活方式、设立合理的界限、进行有意义的社交活动等。通过不断地关心和爱护自己，个体可以逐渐恢复和增强内在的安全感，重新建立对世界的信任感。

修复童年创伤是一个系统化的、多层次的过程（如图2－1所示）。通过管理创伤记忆、重构自我认知、自我共情和自我关爱，个体可以逐步从过去的创伤中解脱，重建内心的平衡与和谐。这个过程虽然漫长，但每一步的努力都会为未来的身心健康奠定坚实的基础。

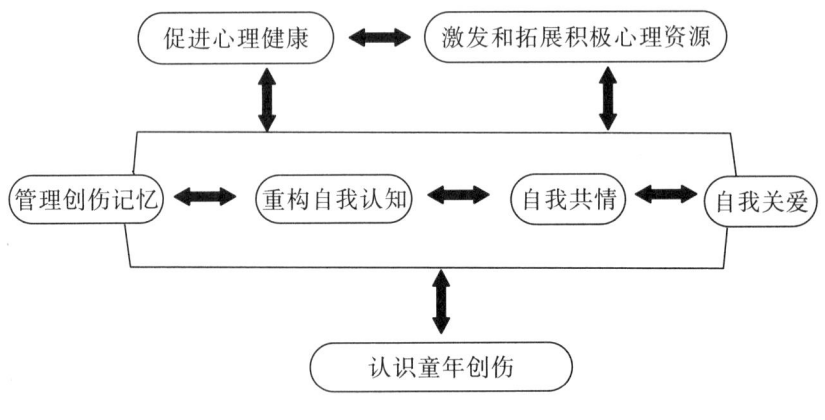

```
         促进心理健康 ⇄ 激发和拓展积极心理资源
                ↕              ↕
  管理创伤记忆 ⇄ 重构自我认知 ⇄ 自我共情 ⇄ 自我关爱
                      ↕
              认识童年创伤
```

图2－1 修复童年创伤的过程

幸福的童年是一生的积极心理资本，而来自童年的创伤却会持续耗损成长资源。

修复童年创伤，将创伤转变为成长的源动力，个体将会华丽转身，拥抱全新的未来。

第一节　认识童年创伤

创伤即受伤的地方，这里比喻精神遭受的破坏。

一、童年创伤的概念

童年创伤是指日常生活中破坏孩子的核心自我认识[①]的躯体伤害或精神伤害导致的"心"性印记，也称"心理创伤""创伤"。它可能由孩子亲身经历的或目睹的事件（即创伤事件）而诱发，导致孩子成长的基本需要匮乏。这里的创伤事件，主要指孩子在原生家庭中长期经历或目睹的负面事件。让孩子长期经历创伤事件，也属于虐待。

例如，男生小豪一到就餐时就很焦虑，总是会不断地向他人询问："吃了这道菜，会不会长胖？""我吃这么多东西，会不会长胖？"后来发展到害怕就餐，不吃东西。咨询了解到，在日常生活中就餐时，爸爸总会提示他，说："你太胖了！不要吃使人肥胖的食物。"他慢慢地意识到"爸爸说我很胖，其他人也认为我很胖"，构建了"吃东西会长胖"的核心自我认知。"我要吃"的需要与"吃东西会长胖"的认知发生冲突，创伤由此形成。

二、家庭虐待的原因和类型

如果没有及时疏通因为虐待而堵塞的情绪，重塑自我的内在生存模

[①] 自我认识是指人将自己的情况，包括外观、生理情况及自己的感知、思考、体验、意图、行为等心理活动、心理过程、心理内容及其特点报告给自己。这是个体构建自我意识的首要成分，也是自我调节控制的心理基础。

式，个体将会耗尽一生的能量去满足匮乏的需要——童年创伤困扰由此而来。

家庭成员中任何人的不当教养风格、言行举止、情感态度等，都可能给孩子带来心理创伤。虐待也因为施虐者的不同而变化多端，它可能发生在任何家庭，孩子成为隐蔽的、防不胜防的受害者。

（一）家庭虐待的原因

不良的家庭文化是虐待形成的重要原因。一些父母对自己的人生感到茫然，自我控制力薄弱，有成瘾行为（吸烟、酗酒等），对孩子非打即骂。还有一些父母对孩子放任自流，不闻不问。父母破坏孩子正常生活秩序和可预测的环境，导致孩子居无定所、承担不符合现实的责任；破坏孩子规律的饮食、睡眠、运动、游戏、学习等，这些都是虐待。

（二）家庭虐待的类型

1. 躯体虐待

躯体虐待主要指在家庭关系中，发生在身体方面的暴力，包括威胁施以暴力的行为，这里主要指导致或可能导致身体或心理伤害的，有明确肢体接触的行为（如殴打、剧烈摇晃、推倒、性侵等）。躯体虐待可能发生在夫妻、父母子女、兄弟姐妹、祖孙等家庭成员之间。这种虐待现象更容易出现在生活压力较大的、贫穷的、单亲的、婚姻冲突较大的、父母原生家庭具有暴力史的家庭中。

2. 情感虐待

情感虐待主要是指父母与孩子互动中非肢体接触的让孩子感受到被忽视、控制的言行（如让孩子感到饥饿、孤独、耻辱、无力，语言暴力、目睹暴力、漠视、遗弃等）。

一些父母共情力低，无法理解或顾及孩子的感受，不能够与孩子情感共鸣，漠视孩子的情感需要，以"都是为你好"为由，遵从自己的"创伤"心理需求，从自己的偏差需要或意愿出发教养孩子。

有些父母采用专制型教养方式，自认为高人一等，不尊重孩子的独立人格，倾向于控制、惩罚，显得严格又冷漠。他们要求孩子无条件服从，不能容忍孩子表达不同意见。一些父母可能会恐吓、贬低和羞辱自己的孩子，使得孩子感到自己是令人失望和失败的。

还有些父母采用放任/忽视型教养方式，忽视孩子的需要，几乎很少关心孩子，对他们提不出要求或者总是提供不严格且不一致的建议或意见。这类父母通常表现出对孩子没有兴趣，漠不关心，不能够给予孩子需要的认可、鼓励、帮助和关爱等，遇见问题推卸责任，固执己见，虚荣自私。这类父母可能告诉孩子，他们希望自己从未有过孩子，并且希望孩子从未出生过，孩子可能受到被抛弃甚至死亡的威胁，被迫承担不应该承担的责任，如照顾父母、承受生活压力等。

孩子可能无法通过自愈方式从伤害中走出，总是觉得自己"做得不够好""令父母、他人感到失望"等，形成消极的内在生存模式。[①] 这些因为成长的基本需要匮乏所产生的消极认知和情绪逐渐累积，形成自我保护性的扭曲认知。在孩子逐渐成长的过程中，这些扭曲认知不断产生影响，导致扭曲情绪和扭曲行为。

一女孩的父亲与母亲长期冲突不断，她10岁时，父亲与母亲发生冲突后，摔门出去就再也没有回家，从此，她与母亲相依为命……女孩成年后建立了自己的家庭，但丈夫总是觉得她对他投入的感情浅尝辄止。而女孩总是感到恐慌，觉得丈夫随时都会离开她，经常因为一些小事与丈夫争吵。

在一次争吵中，丈夫发现她激动的情绪一时难以平静下来，于是说："我们都需要冷静一下，我出去走走，透透气。"丈夫离开了家。

[①] 有关"内在生存模式"的内容，请参看本套丛书中《孩子自主成长的内驱力》第七章。

十多分钟后，丈夫估计在家的妻子的情绪应该平缓了，回到了家。但他发现妻子的情绪不仅没有平缓，反而悲痛欲绝地在家里哭喊着："你这个没有良心的人，为什么就这样抛下我了啊……"她更多的是担心丈夫再也不会回来了。

上述案例中，妻子的当下行为，是由她童年的创伤事件产生的扭曲认知导致的，她的行为与童年创伤紧密相关。

一个在不健康环境中长大的孩子，可能会将自己的不良经历隐藏在心底，变得内向、顺从、压抑；也可能会外化，变得爱寻衅。但是，他们的内心始终渴望被看见，被认可。这些创伤如果没有得到疗愈，就会困扰一个人的一生，在与他人（包括自己的孩子）的联结和互动中，这些扭曲认知、情绪和行为又会伤害他人，结果自己的童年创伤又在自己孩子的身上重演。

三、创伤的身心症状

研究认为，心理问题的根本原因是个体内在成长需要匮乏和成长驱动力不足造成的心理冲突，冲突不能缓解，被压抑在潜意识中，长期积累，形成创伤的痛苦经验。这些创伤虽然成年后在意识中可能已经不复存在，但依然留存在潜意识中，当意识的控制力减弱时，就会以心理问题的方式呈现。

根据个体认知功能和脑神经功能受创伤的程度，可以把创伤性记忆分为"轻、中度的精神创伤"和"严重的精神创伤"两类。[1] 轻度的精神创伤更多的是指人们常说的心情不好，表现为情绪低落、郁郁寡欢、生活动力下降、不愿与人交往等，当事人的认知、行为方面受影响不大，通过自

---

[1] 赵冬梅：《心理创伤的理论与研究》，暨南大学出版社，2011年版，第110页。本书主要针对"轻、中度的精神创伤"展开讨论。

身调节和社会支持即可改善，不需专业治疗。中度的精神创伤可能表现为长时间的情绪低落，悲观厌世、孤独，或伴有睡眠障碍、焦虑、恐惧，甚至出现自杀倾向，当事人的认知、行为方面受到了较大影响，需要专业的心理治疗和药物治疗。严重的精神创伤除了上述症状，还具有典型的症状，如创伤的频繁再体验，创伤事件的记忆和画面不断出现在梦境中，或即使在清醒状态也会不断在脑海中重现，好像创伤事件就发生在刚才，当事人处于极度的痛苦和惊恐之中。这种情况需要采用精神性的治疗手段。

（一）躯体功能失调

成长过程当中，孩子在不能充分表达他们的感受时，会通过身体问题来与外界沟通，比如慢性头痛、咽部不适、腹泻、尿床等。

（二）人际关系能力受限

因为缺少基本的信任感，这些孩子的人际关系能力往往是受限的。他们不得不压抑自身独立情感或行动的需要，以适应虐待的环境。

（三）难以管理的偏差行为

经历过创伤事件的儿童往往会试图控制他们的环境，容易暴躁不安，出现攻击性、不顺从或对立行为。需要强调的是，创伤儿童的攻击行为，与对攻击者的潜在认同相关。经常遭到暴力、虐待和目睹情绪不稳定的父母争吵的孩子，会将环境中的所有类似境况及境况中的人际关系内化，作为其存活下来的手段，最终也就形成其"内在生存模式"，变成了他们今后应对生活的主要方式。

一些习惯化的偏差行为，是身体对童年创伤形成的应激反应，如逃避挨打的"躲闪或者绷紧身体"，禁止语言表达的"点头、摇头"，内化训斥而来的无意识"指指点点"等，这些根深蒂固的紧张模式会限制孩子的积极发展。

（四）社会退缩

一些经受创伤的孩子会出现低于实际年龄的幼稚行为，如过分害羞、缺乏自信、低自尊。一些孩子会频繁自伤，比如用刀割或用火烧自己，甚至试图自杀。有的孩子则出现持久的品性问题，不诚实、学习困难，甚至有可能出现攻击他人等更严重的偏差行为。

（五）情绪不稳定

被创伤困扰的孩子往往能够发现自己糟糕的情绪，并以更差的方式表达出来——反复吵闹和发泄情绪。他们经常为焦虑、抑郁、愤怒、害怕、恐惧、无助和嫉妒的情绪所困扰。这些孩子的情绪管理能力得不到提高，在表达愤怒、控制愤怒上有困难，并伴有负罪感和羞耻感。

（六）大脑发育受损

长期遭受心理及其他形式的童年虐待，可能导致大脑产生永久性的改变——成年后杏仁核与海马结构缩小。虐待带来的恐惧也可能导致大脑产生永久性改变，从而导致成年期的反社会心理和行为。这也是造成许多难以消解的创伤后果的一个重要原因。

被虐待的经历所造成的伤害最不易察觉，但影响最大、最持久又难以愈合。可能在躯体上并未留下印记而被忽视，但会在意识或潜意识中留下记忆的烙印——这些创伤烙印往往是儿童对自己及他人的消极感知。如果没有被修复、治愈，就会表现在肢体语言或行为习惯中，有可能会持续到成人阶段，导致情感障碍，阻碍幸福生活与健康发展。

四、创伤代际传递特性

心理学研究提出了暴力循环假说：很多时候，童年时期遭受过虐待、忽视的儿童，在成年后也会出现虐待、忽视的行为，此即童年创伤的代际

支柱二：修复童年创伤

传递。

> 我从小生活在父母每天都在吵架的家庭中，在担惊受怕中长大。
>
> 母亲总是看不惯父亲，一点鸡毛蒜皮的事都会吵闹，讽刺挖苦。父亲总是强忍着，一旦忍不住就会殴打母亲。
>
> 八年级开始，我非常讨厌母亲，在家里感觉也不是那么害怕了。我母亲数落、训斥、讽刺、挖苦我或我的父亲时，我会非常暴躁地、毫不退让地反击她，有时候怼得她无言以答，她就号啕大哭……我感到束手无策，焦虑、难受，以至于最后我选择离开父母，远走他乡，并且不听从他们的劝告，嫁给了我现在的丈夫。
>
> 我丈夫性格内向，没有朋友，很难沟通，也难以表达内在的情感。原来我丈夫的原生家庭和我十分类似，他父亲非常暴力，家里吵架、骂人、殴打是家常便饭……
>
> 我们夫妻二人严重缺乏沟通，总是冷战，情绪无法控制的时候，总是以大声吼叫、吵闹的方式表达需求和愤怒。
>
> 我们把所有的爱和精力都放在女儿身上，经常拿她与别的孩子比较，经常指责、批评她。我老公平时不说话，如果女儿冒犯了他，就狠狠地揍她一顿，且强迫女儿给他下跪认错。女儿每一次都是哭得伤心欲绝……
>
> 回想起来，这些都是我们童年时期与自己父母的相处模式。现在女儿与我们的关系好似当年我们与自己父母的关系一样。
>
> 女儿大约从小学五年级开始，就开始用吼叫、摔东西等形式与我们对抗。老师几次与我们面谈，女儿多次在日记里痛骂这个家庭，痛骂自己的无能，有轻生的念头……

上述案例展示的是一种负重的联结——"童年受虐循环"[1]，也称为

---

[1] 斯莫尔：《与童年创伤和解》，张鳅元译，中国友谊出版公司，2018年版，第60页。

"创伤代际传递"（如图2—2所示）。

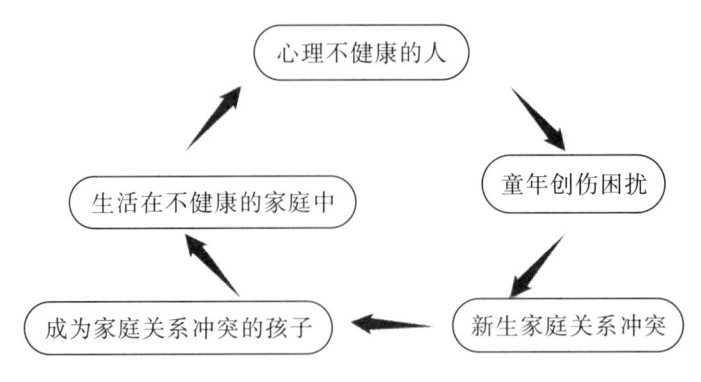

图2—2 创伤代际传递循环圈

```
心理不健康的人 → 童年创伤困扰
    ↑                ↓
生活在不健康的家庭中    新生家庭关系冲突
    ↑                ↓
成为家庭关系冲突的孩子 ←
```

这些负重的联结与情绪的、精神的、生理的、行为的问题有关，下代人受到上代人同样的或更加严重的虐待。一些不适应社会文化需求的习惯、行为、认知被家庭成员不加思索地传递，每一代都在传递新的联结，这些新联结继续形成越来越沉重的链条束缚着家庭成员。在这种情形下，孩子往往表现出与父母类似的情感困扰和偏差行为。

> 一位14岁孩子的母亲，在陪伴孩子的过程当中，每当孩子出现不符合她需求的言行时，她总是愤怒地说："你这样做，我就不管你了！"然后好几天都不理孩子，特别享受孩子可怜巴巴地求她……
>
> 咨询中，她说这样做对控制孩子偏差行为很有效，孩子变得乖巧、听话。但是，当她开始与孩子友好相处时，很快又会对孩子的偏差行为感到愤怒。孩子现在已经出现说谎、讨好、退缩（害怕、恐惧）等行为。

上述案例中，这位母亲自己的母亲是由养父母抚养长大，结婚后控制欲强烈，与丈夫的父母、兄弟姐妹关系紧张，丈夫婚内出轨而离婚。这位母亲同样试图控制自己的丈夫和孩子，与丈夫的家人冲突不断，情绪易激惹，敏感多疑，爱打听小道消息，偷窥丈夫手机信息等。

这位母亲的生活陷入了童年创伤的"深井"而不自知。她在以从父母那里遭遇到的方式（没有解决的创伤）对待她的家庭和孩子，有意或者无意导演了"受伤者伤人"的悲剧，童年受虐的怪圈循环不息。

当我们还是孩子时，可能会被这些不良事件伤害。但是，随着年纪的增长，我们必须重新审视对自己和他人的认知和行为，自我觉察、自我分析、自我疗愈，打破这一怪圈。

在上述案例中，我们建议这位母亲进行如下思考：

仔细回忆一下你和爱人在像孩子这么大时都有怎样的家庭经历？你们的心情是怎样的？

当你们情绪很糟糕时，父母是如何对待你们的？

孩子现在的状态与你们那个时候有哪些相似和哪些不同？请思考一下原因是什么。

心理学家认为，如果没有相应的帮助，童年创伤会永久性地改变一个人生命的轨迹，并且会有加重情绪症状的可能，可能导致注意力缺乏、恐惧、失眠、紧张、易激惹和多种其他病理情况。与此同时，经历童年创伤的人会比那些没有经历过或已从经历中疗愈的人遭遇更多的情感困扰问题、个人利益与集体利益的冲突问题、人际关系冲突问题，甚至遭遇更多的道德问题、社会问题的困境。[1]

修复童年创伤，可以采用打破那些曾塑造、挟持着我们生活的负重的联结的方式，从而使创伤者得到疗愈，获得自由与幸福。

五、创伤的修复路径

对经历过童年创伤的个体而言，创伤的困扰好似一堵阻碍积极成长的

---

[1] 斯莫尔：《与童年创伤和解》，张鳅元译，中国友谊出版公司，2018年版，第6页。

"心墙"。

这里的"心墙"即为内心的界限，它是童年创伤所形成的自我保护或防御策略，或是我们所隐藏的不愿意暴露的行为或情感，它是保护自我不再受到伤害而适应环境的"生存模式"，而自我也因此形成不自知的心结。

创伤使我们受到束缚，对我们形成阻碍。这些阻碍使我们很难走上一条纯粹而正确的生活之路。我们不可能一生都"负重前行"，应该成为真正的自我。根据创伤形成的特性，我们可以通过"优先积极教育"和"自我疗愈"两条途径，修复和疗愈童年创伤。

实施优先积极教育是从创伤的源头开始自我改变和修复——改变教育观念和方式，利用积极教育的理论和技术，实施家庭教育和学校教育，积极关注孩子成长的需要，尊重孩子的多样性，接纳和信任孩子独立、自主成长和自我实现的力量，培养孩子社会交往、爱、共情、自尊、坚毅、乐观等积极心理品质和能力。与此同时，教养者实施自我教育和自我疗愈，提升心理素养，修复童年创伤，积极自我成长。

自我疗愈，即激发孩子面对创伤的勇气，可以从"创伤代际传递循环圈"的任意一个端口进入，引导孩子重新认识自己，正确地评价、关怀自己，让孩子的内在世界发生改变，孩子自我成长的源动力逐步增长，体验到安全感，对"我是谁"感到自信。在这样的心理状态下，"消极生存模式"链条的束缚也就逐步被打破，孩子从而形成新的思维、感受、行为和存在方式，重塑"内在生存模式"（如图2-3所示）。

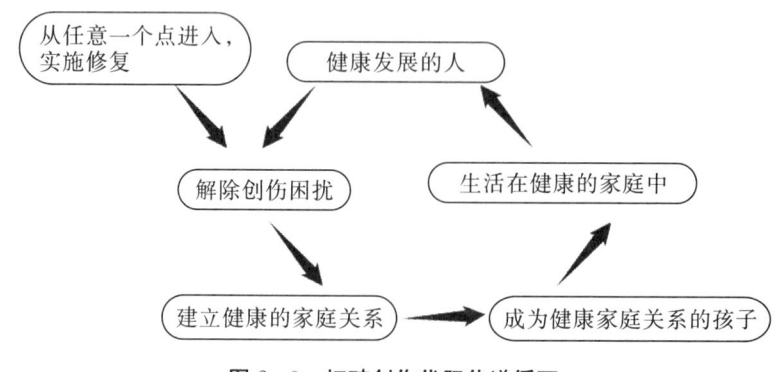

图2-3 打破创伤代际传递循环

自我疗愈开始实施后，我们周围的世界也会随之改变，我们开始吸引相似的健康人进入我们的生活中，童年受虐的怪圈也就被打破了。当然，我们不能够完全依靠自己打破"轮回"怪圈，可能还需要专业人士的帮助，家庭与朋友温暖和充满爱的支持。这是本书的重点。

上述两条途径相辅相成，互为促进。

第二节　管理创伤记忆

有些创伤记忆常常萦绕在我们的心头，是因为事件所引起的情绪还没有被处理，所以我们感受到恐惧、痛苦。

如果我们逃避回忆所经历的创伤的完整内容，包括想法和感受，以及事件对我们的意义，就无法在情感上处理记忆。不愿去仔细思索那些让我们感到恐惧、痛苦的事情是很自然的，但总是回避反而会让恐惧或者受伤害的记忆被生动地保留下来，有时候是以侵入记忆的形式出现，有时候是以闪回的形式出现。

一、直面创伤记忆

管理创伤记忆，首先是面对它。

（一）放松练习

放松练习是指使机体从紧张状态松弛下来的一种练习过程。放松练习的直接目的是使肌肉放松，最终目的是使整个机体紧张程度降低，达到心理上的松弛，从而使机体保持内环境平衡与稳定。

经历童年创伤的孩子，由于长时间的紧张、恐惧及其他的困扰，身体总是处于紧张、僵直的状态，影响自我表达、潜能开发、探索和创造，注意力不能够长时间集中，并伴随着一些陋习。放松练习可以促使肌肉和神经放松，意识到陋习并试图消除它，减弱并打破它对身心的控制，从自身有限的不当反应模式中解脱出来。

学习放松练习的基本要求如下：

·环境安静，闭目。

·集中关注身体感受。

·让自己处于一种舒适的姿势，降低肌肉紧张。

·当思维或者想象分心时，将思绪收回来，重新使精神专一。

·规律地实施放松练习。

放松练习的种类很多，可以先从觉察和意识自己的呼吸状况开始。控制呼吸是放松身心的简单易行的途径，有很多方法可以有效地控制呼吸。下面分享慢呼吸训练方法。

用鼻子慢慢吸气，好像在仔细地闻周围空气中的花香；停下来，好像在充分享受这香气迷人的感受；用嘴慢慢呼气，好像在吐出内心的不舒服的感觉。

当慢慢地平静下来后，为了进一步调整身心，我们可以进行腹式呼吸：

用鼻子慢慢吸气，把注意力集中在呼吸上，慢慢地数6个数，感觉腹部不断地充盈，直到完全充盈；闭气3秒，体会充盈的腹部的感受；再慢慢地呼气，让不愉快的情绪随着气体慢慢呼出，有意识地让所有气体都被呼出。

我们可以尝试将呼吸频率降低到每分钟4~6次，也就是每次呼吸用10~15秒时间，比平常呼吸要慢一些。只要有足够的耐心，加上必要的练习，这一点不难办到。放慢呼吸有助于个体身心从压力状态调整到自控状态。这样训练几分钟之后，就会感到平静、有控制感，有助于克制欲望，迎接挑战。

慢呼吸训练可以增强意志力。每当面临意志力挑战的时候，如面对可口的垃圾食品、糖果的诱惑时，或考试压力，或在挑战性活动（如演讲）

前，都可以尝试先放慢呼吸，专注于缓慢地、充分地吸气，然后慢慢地呼气。

这里所介绍的放松练习是简单的，在孩子了解放松练习后，我们可以根据训练或孩子的需要，指导孩子进行其他放松练习。

在注意力涣散、焦虑或紧张的时候，都可以进行放松练习，最好是养成习惯，每天坚持、有规律地练习。随着不断练习，我们能通过放松的方式回应紧张或者焦虑，而且基本上能够做到自动的放松。

（二）探索创伤记忆

通过探索创伤记忆，了解和解决困扰的情绪问题，对存储在我们身体中细腻的感觉实施回忆和外化，有利于唤醒被掩埋的情感和深刻的创伤记忆。

研究发现，当我们探索创伤经历给自己带来的感觉，思考它对自我成长的意义，重新表达和描述创伤经历时，我们能够重新感知和调节那些情绪，激发内在积极力量，把创伤转化为成长的力量来源。

1. 认识感觉

感觉（sensation）是人脑对直接作用于感觉器官的客观事物的个别属性的反映，是人的全部心理现象的基础，是最简单、最基本的心理活动。如一个青苹果，用眼睛看，知道它的颜色是青色；用嘴咬，知道它的味道是酸甜。青色、酸甜就是苹果的个别属性。头脑接受和认识青色、酸甜这些属性，这就是感觉。

练 习

随意选择一种物品（如果是能够吃的如花生米、苹果等最好），帮助唤醒五种感官的当下感觉。

> 视觉：你静静地观察这个物品。停下来，注视着它，认真地、仔细地去关注所有的、细微的差别：所有的、细微的颜色；所有的、细微的反射过来的光；观察细节是清晰的，还是模糊的。
>
> 触觉：当你握着这个物品时，感受它的细节。它的表面是粗糙的还是光滑的？是冷的还是热的？是软的还是硬的？仔细地体会这种感觉，并注意指尖和手掌的感觉是否不同。
>
> 嗅觉：把这个物品拿到你的鼻子前面，你闻到了什么气味？如果没有闻到气味，你想象一下，如果把它放在水里面煮，会发出什么样的气味？如果你手中的物品没有气味，也想象不出它在水里面煮的气味，那你当下身处的空间里存在什么气味？想象它们笼罩着并正在注入这个物品中。
>
> 味觉：如果这个物品可以品尝，用舌尖去舔舔它，你感觉到了一丝什么味道？把它放在嘴里，你感觉到什么味道？慢慢地咀嚼它，你感觉到什么味道？如果这个物品不能够品尝，在你的其他感官感受这个物品时，注意你嘴里产生了什么味觉，或者想象一下这个物品可能是什么味道。
>
> 听觉：晃动这个物品，它会发出声音吗？把它放到耳旁，它会发出声音吗？用手指敲打这个物品，它会发出声音吗？想象它撞击或摩擦其他物品的表面时可能发出的声音。

2. 识别感觉

请务必独自一人在一个安静的、免受一切干扰的环境内实施"识别感觉"练习。如果已掌握了"识别感觉"的技能，在实践这项技能时，也最好能够保持不受环境干扰的状态。

支柱二：修复童年创伤

> **练 习**
>
> 第一步：闭上双眼，在你的脑海里想象一个空白的屏幕，放空你的大脑。将全部注意力集中在屏幕上，关注你的内心。
>
> 第二步：询问自己此时有什么样的感觉。
>
> 第三步：仔细关注你的内心活动。注意那些跳入你脑中的杂念并快速抹去它们。集中于第二步的问题。
>
> 第四步：辨识你的感觉，并用文字将它全部描述出来。如果你不能够准确辨识出你的感觉，可以试着查阅与感觉相关的词汇。
>
> 第五步：想一想，发生了什么使你有这样的感觉？

识别并表达出自己的感觉是一种技能。和其他的技能一样，它需要你专注于识别和表达自己的感觉，并且不断坚持练习和实践才能提高。

找到一种情绪背后的原因能够帮助你更好地理解自己为什么会有这些感觉，这也是控制情绪的关键。这对经历过童年创伤的人是有一定困难的，需要反复觉察。在日常生活中，父母、老师要有意识地帮助孩子强化这些觉察。

> **练 习**
>
> 例如，孩子在日常生活的某个具体情绪情境中，识别出自我愤怒的感觉，可以引导孩子闭上双眼，专注于内心，问孩子以下问题：
>
> ・发生了什么事让你感到愤怒？
>
> ・最近是不是发生了什么事让你不高兴了？
>
> ・最近发生的××事情是不是让你想起了过去一些让你生气或麻烦的事？

> - 你是否曾在××事情中有同样的感受？
> - 以前你常会感到这样愤怒吗？是什么时候发生的？是什么事情让你产生了这样的感觉？
>
> 提升"识别感觉"的技能：建议设计一个《情绪记录表》，坚持每天在固定时间进行一次"自我感觉"记录，帮助自己逐渐学会识别自己内心的感受。

3. 探索情绪记忆

选一个安全、安静、舒服的地方坐下来，调整好你的坐姿，用你喜欢的方式（如深呼吸）让自己平静下来。

下面是我们为你总结的描述"创伤经历"在你身体或心理所留下的伤害或伤害痕迹的内容。请你慢慢地细读这些内容，当你读到这些词语的时候，可能会出现内在的情感反应。当你读到某一个词语出现了最强烈的反应时，请你把它圈起来，这就是你内心的情感反应。

失望　希望破碎　沉默的愤怒　不信任　焦虑　信任感被破坏
背叛　不安全感　报复　自卑　痛苦难忍　愤怒　深渊　理所当然
沮丧　悲伤　困惑　恐惧　信任缺失　无望　极度痛苦　关闭　苦恼
永无止境　无言以对　成长痛　破碎　麻木　空虚　独自　孤独
丢在一边　适应　更深的悲痛　不被期望　疼痛　受伤　错觉　抓狂
卑鄙手段　拒绝　感谢　一切尚好　转化　信仰的检验　更加坚强
没有遗憾　有益　我原谅你　生活继续　感恩　宽恕

有意识地练习了解自己在特定情境中的感受，这是终止历时长久的童年创伤的情绪困扰的开始。

当你感受到了一个让你不舒服的情绪时，就自主地停一下，按下面的问题尝试自我对话：

・此时我的感觉是什么？

如果此刻所感觉到的情绪过于强烈，可以深呼吸，直到感觉自己能够和此时的情绪平静相处。

・这是我的情绪还是他人的？

如果是他人的情绪，可以这样对自己说："这不是我的焦虑/恐惧/悲伤/愤怒……我选择不去承担它！"

如果是你的情绪，允许和接纳自己感觉此刻的情绪。

・发生了什么使我有这样的感觉？

调控强烈情绪时，需要安抚情感的支持力量。在这一自我对话的过程中，良好的支持资源，特别是我们自身和身边最亲近的人的支持是至关重要的。

・在这一时刻，我需要的是什么？

如果感到害怕，可能需要知道自己是安全的，即开展自我关爱；如果感到孤单，可能需要叫一个朋友过来；等等。

4. 整理

在上述探索的基础上，通过下面的问题，整理当时所经历的"情感故事"：

・当时你经历了什么样的事？

・当时你有哪些情感反应？哪些反应不足？哪些反应过度？

・你是怎么想的？感受到的伤害是什么？最担忧的是什么？

・你感到最愤怒的是什么？最恐惧的是什么？最快乐的是什么？

・在过往的经历中，你的引爆点（使你人生发生突破性改变的事件等）是什么？

・整理了这些经历故事后，你当下的想法或感受是什么？

当你整理清楚这些思绪后，请做下面的练习。

> **练 习**
>
> 　　默读结束了，请你闭上眼睛，双手交叉抱着你的肩，拍拍它，深呼吸。
>
> 　　在心里对自己说：我爱你。
>
> 　　深呼吸，睁开眼睛，用你的双手掌心揉揉你的脸。

（三）直面痛苦

不能够面对问题，就不可能解决问题，我们就会成为有问题的人。只有我们真正理解并接受了这个问题，才会释然，不再对这些问题耿耿于怀，才能从痛苦中解脱出来，实现人生的超越。

1. 绘制创伤故事

我们可以通过绘画，将内在的创伤记忆外化。仔细回忆、提取、思考你所经历过的创伤事件，有助于处理被困扰的情绪，促进适应和放下创伤记忆。

可以将一张大小合适的白纸分成六宫格，按以下顺序进行绘画：

闭上眼睛，深呼吸，静下心来，把注意力放在从前，想象发生在自己身上，让你感受到伤害的事——这件事情让你很受伤，伤害到了你，你对这件事情越来越清晰了……请想象发生在你身上的伤害事件的样子，把它画在第一格。

画好以后，请想一想发生这件事之前你的样子，把它画在第二格（包括你的外表，你在受到伤害前的希望、理想、愿望……）。

在第三格画上你受到伤害时的样子（包括你的外表，受到伤害时的反应、感受、想法、行为……）。

在第四格画上你"受伤"后，内心真实的渴望、需要的支持、希望达成的心愿等。

在第五格画上为了满足你"受伤"后的心愿、需要，你的情绪、行为等。

在第六格画上这个真实的故事最后的结局。

经历心理创伤的孩子在面对潜在的令人崩溃的精神痛苦时，也在努力面对自己的经历，有时会存在某种水平的阻抗。在回忆过去时，需要考虑的重点是：实际发生了什么（要具体的细节）？在创伤经历中，感受到的、想到的是什么？这对你意味着什么（是什么让你相信自己，相信他人以及未来）？

2. 书写创伤故事

把唤醒和整理后的创伤故事真情实感地书写出来，是"成己成人"的心灵良药。通过勇敢地直面痛苦，在故事中注入拥抱自己的力量，我们不仅可以拥抱自己，重新开始生活，还能培养共情能力——理解、拥抱他人生命中的苦与痛的力量，随之也就有力量拥抱全新的未来。

叙述故事需要写出详细的情绪，如果你感觉直接写有困难，也可以以中立的方式，不带感情地回忆事实。如果你感到调整好了，请再次开始写下你的经历——尽可能地记录细节：声音、气味、光线、感知、情绪。

你最终的目标是写出一份生动的记录，这份记录不仅回顾所发生的事情经过，还包括你的感受和你的心路历程，包括尽可能多的细节。

如果你无法回忆起细节，最好不要强迫自己去回忆，能回忆多少就接受多少。

有时候你会觉得自己必须停下来，这时你应该稍事休息，但是，在你可以的时候请尝试继续记录。

当你完成最终的记录后，怀着对自己的共情重新阅读它。尽可能多地感受自己的情绪，但是不要评判自己：请试着像保护一个孩子一样保护自己。通过重新阅读你的记录，继续进行情绪处理的任务。

如果有可能，请发掘出你的经历的意义，便于以后回顾。

（四）看见创伤记忆

通过对早期创伤经历的回忆，我们清楚地了解构成当下状态——内在生存模式的主要环境文化和存在的问题，即看见了创伤记忆。

这些记忆是一个人对世界做的记录和主观认识的起点，综合反映了一个人对早期生存环境的印象、评估、认知，对自身最初概念的认识。分析这些记忆，能够发现内在隐藏的不安全感、脆弱点，也能认识到这些记忆对现在及将来生活的影响。

被童年创伤困扰的人，往往存在"我不应该有情绪""有情绪是错误的"等偏差信念，导致自我情绪觉知迟钝，不加区别地抑制正常的情感，表达的通常是扭曲情绪，甚至出现偏差行为或躯体病症。

预防或调整这些偏离正常的身心状态，要准确认识在具体情境中的感觉，并能够如实地用文字或语言描述它们。能准确识别和如实地表达出"我感到难过""我很沮丧""你那样做，我感到很伤心"等情感，意味着你将内在的、不为人知的情绪告知了他人，在这个过程中，你开始掌控自己。

看见创伤记忆，是通过情绪记忆练习逐步认识真实的自己、此刻的自己。

情绪记忆练习的核心是共情。不是有意识地去模仿事件发生时的行为和姿态，而是用共情技术去体验当时情境下的事件、当事人的经历和情感反应。

不要怀有期待，也不要预期结果。带着当下的观点和见解，重新体验感觉。如果当时是狂喜和大笑，现在可能会是哭泣或感到绝望。如果当时是害怕，现在可能会笑或者感到尴尬。关键是现在、此刻的感受——你现在所受到的影响，才是与真实情感相关联的重要因素。

（五）讲述创伤故事

讲述创伤故事的过程中，个体能够从过去的情绪束缚中慢慢解放，不再被过往困扰,而是轻松、充满力量地自主书写人生的故事——怎样开始,怎样书写,怎样结尾,主动权掌握在自己的手中,而不由他人和过往的困扰决定。

讲述创伤故事,其实是一件很煎熬的事。我们不容易开口,除了因为文化给我们的"噤声"(家丑不可外扬)枷锁以外,最主要的还是那个经历太痛了。有些创伤记忆可能涉及隐私,说出这个故事可能会很尴尬,叫人有想逃的冲动。但在这里,讲故事的细节不是重点,不需要顺着时间、地点、人物、事件"流水账"式地讲述,只需要专注于经历或事件所产生的感觉记忆去描述,努力揭示事件与情感的联结。在这个过程当中,有些感觉可能会被我们压抑,因为它们对我们来说太痛苦了。这也充分说明情绪是影响和控制自我行为和态度的重要因素。

讲述创伤故事是为了让我们消除困扰,自我成长,请你勇敢面对。让我们在讲述中寻找到"痛"的源头——它可能来自某种压迫、钳制(强力的限制)、虐待……让我们活得辛苦,难以喘息。透过讲故事,我们揭开了"痛"的内幕,感受到了"成长痛",看见自己处在这个脉络当中的艰辛,慢慢地感受到了自我拥抱,拥抱内在那个受伤的自己,感受到了自我的刚强,出现了自我感动的情愫,心变得柔软了,好似没那么痛了,他人好似也没有那么"可恶"了,因为你也看到了他人的内在的痛苦。自我意识是被社会建构的,一个人的故事,也是社会的故事,一个人的痛苦,也是社会的痛苦。

在讲述的过程中,你"看见"了自我的刚强和刚强的价值与力量,你的伤痛正在被疗愈:如果没有你的任性、刚强,便没有你"另谋出路"的本事,更无法成就今天的你。当如此理解这种刚强后,内在深处柔软的东西——善意,也正缓缓升起,你看见了他人的本真——不是那么"可恶",你自己也终于释怀,转化痛苦之身。

坦然面对内心真实感受,接受负面情绪存在,不要试图去摆脱它,学会和树一样,接受花开叶落,顺应大自然的变化。当你真正认可痛苦和压力的存在,内心才会平静下来,随之开始自我疗愈——调整、改变和转化。

> **练 习**
>
> 寻找一个觉得值得记忆或体验深刻的地方,调动你所有的感觉,用想象力逐一地去探索每一种感觉,思考它们的意义。
>
> 挑选一件有特殊意义的物品实施这个练习,这件物品与对自己有影响的人、地方和事件的深刻记忆相联系。

二、演出创伤记忆

学校教育中,可采用"校园心理剧团体心理辅导与咨询"技术,设计团体心理辅导活动,有针对性地指导孩子认识自我、完善自我,发展健康人格。

"校园心理剧"是一种校园心理舞台剧,它的诞生源于莫雷诺创立的心理剧。

(一)认识校园心理剧

1. 心理剧

心理剧是罗马尼亚精神病理学家莫雷诺于20世纪20年代创立的行动心理治疗技术,是通过角色扮演来探索个人和社会问题的戏剧形式。通过角色扮演,参与者能降低防御,演绎、还原和呈现身心问题、情感困扰、创伤事件,体验和觉察角色的情感与思想,从而达到改变自己的目的。

2. 校园心理剧

校园心理剧是基于心理剧有关理论和技术的一种发展性、团体性辅导方式,把学生在生活、学习、交往中的烦恼、困惑以角色扮演、情景对话、内心独白等方式编成小剧本进行表演，以此表现和解决心理问题。

校园心理剧需要表演者将自我经历的情境完全融入剧情当中，共情当事人的情感状态，将自己的故事、情感与他人的经历融合，从中产生移情反应。

校园心理剧通常由指导老师、主角、配角、观众、舞台等基本要素构成。

心理辅导老师可根据孩子的生理、心理特点，引导孩子应用心理剧的干预理论与技术，将无法言说、怯于表达的感受，潜意识的冲突、困扰、痛苦、焦虑、烦恼等认知和情绪——无论是那些困扰着一代又一代孩子的永恒秘密，还是独属于这个年代的成长困扰——以心理剧剧情冲突的形式放大，袒露真诚的经历和体悟。参与者并不是模仿，而是带着真情实感去表演，以此表现和解决心理问题，实现自我成长与蜕变。

立足于中国本土文化和国情，校园心理剧还吸纳了话剧、小品、音乐剧等艺术表现方式，在心理教育实践中探索出本土化的表演艺术。孩子在参与过程中积极进行自我探索和觉察，丰富情感经验，在锻炼动手能力和语言能力、沟通能力的同时，启发孩子丰富的想象及灵感，舒缓、化解情绪。

校园心理剧的目标包括以下几点：

·情感表达。校园心理剧提供了一个安全的环境，参与者可以自由表达他们的情感。

·自我探索。通过角色扮演，参与者可以探索自己的身份、信念和价值观。

·社会技能提升。参与者可以通过模拟不同的社交场景，提高社交技能。

·认知重构。通过角色扮演，参与者可以挑战和改变自己对某些情况的消极认知。

·同理心培养。通过扮演他人，参与者可以更好地理解他人的感受和观点。

·冲突解决。心理剧可以帮助参与者探索或解决自我内在和人际关系中的冲突。

（二）校园心理剧常用技术

校园心理剧将主角的心理冲突、矛盾困惑以角色扮演的方式展现在舞台上，让所有观众能身临其境地感受，在体验中觉察与成长。

下面介绍一些校园心理剧的常用技术。

1. 角色扮演技术

角色扮演就是在模拟的情境中扮演他人（自我），以他人的视角来看待与理解问题，展现相应的行为特点和内心感受，使个体得到感悟，消解其心理困扰，促进其心理正常发展的一项技术。从本质上看，角色扮演是一种运用行为模仿或行为替代来影响个体心理发展的方法。

练习

以小组为单位，开展父亲、母亲、老师、同伴等角色的扮演。

---

2. 直接呈现技术

直接呈现是用最直观的方式将情境显露与表现出来，使表演者和观众对于曾经模糊的或是不经意的情境产生直观的认识与感受，促使他们设身处地地思考，在触动与觉察中获得成长。

练习

1. 日常生活情景再现

表演吃饭、睡觉、打鼾等日常生活中的情景。

> 2. 创造性表演
>
> 随性展现一个情景。
>
> 3. 指导孩子进行表演
>
> 如表现听到的声音（湍急的河流声、风声、沙沙的树叶声、车辆声等）。
>
> 感受到炎热、潮湿、寒冷时的表现。
>
> 尝到不同味道时的表现。

3. 替身技术

（1）主角替身。由配角站在主角身后与主角同台演出或者代替主角说话，这个配角就是"替身"。替身通过扮演主角而进入主角的内心世界，体会主角的感受、想法和内在语言。替身可以模仿主角的内心思想和感受，表达出潜意识内容，帮助主角觉察内部心理过程，引导他表露深层次的情绪。

（2）连接替身。当扮演某一角色的学生未能解决冲突，表演陷入僵局时，可以请另一位在后台观察的替身上场，扮演某角色的替身，或主角的另一个替身，帮助主角表达情感。有时可以让多个替身来扮演主角及其不同的自我，这些替身之间的互动可以呈现主角的多面性，使主角觉察自己内心丰富的特质，而调动更多的人参与解决问题的过程，也起到相互启发的作用。

4. 镜像技术

镜像技术指主角看别人演自己，即让另一位演员来代表冲突中的主角，尽可能地模仿主角的一切，模仿主角的动作、语言、神态、姿势、表情等，充分反映主角的客观状态。通过这一技术，主角能以旁观者的视角看待、观察与审视自身的行为表现，更客观地认识自我。观众和配角也能从中看到自己的影子，从而发现问题所在，认识到其他人是如何看自己的，了解自己的行为有哪些不足，认识到别人是多么不能接受自己的某些行为。

5. 角色互换技术

角色互换技术是心理剧角色扮演理论的核心，也是校园心理剧最基本的技术。这一技术鼓励最大限度地表现冲突情境。无论在热身阶段还是情境表演阶段，角色互换都很重要。

角色互换可以充分表达参与者对现实的理解，让参与者从团体中的其他人那里获得关于他们扮演的角色的态度的反馈，这在一定程度上可以帮助他们发现和修正自己的歪曲信念。

角色互换可以帮助个体从自己的角色中抽离出来而进入另一个人的内心世界，经过角色互换，可以把主角同理的或投射的情感演出来。在校园心理剧中，角色互换有三种含义：一是在剧中 A 和 B 交换各自的角色；二是在剧中扮演一个和自己生活中的角色完全不同的角色；三是在剧中扮演主角情感世界或真实世界的两种心境或角色。比如，一个代表"爱"，另一个代表"恨"；一个代表"好妈妈"，另一个代表"坏妈妈"。当发现主角态度矛盾又不自知时，这种技术就能帮助主角清晰地了解自己的内心。

例如，一个在现实生活中总爱攻击别人的学生，在剧中就可以扮演一个总是被人攻击的学生，让他在这种互换中体验"被攻击"的感受，有助于他在生活中改变行为。

6. 空椅子技术

空椅子技术是将一把空椅子摆放在舞台中央，让主角将其想象成想要倾诉的对象进行对话。椅子的存在，可以让参与者在表达中展示自己内心最深处的真实情绪，直面冲突，并在扮演中进行沟通，最终接纳和平息情绪，避免个体直接面对倾诉对象的紧张感与压迫感。

7. 投射未来技术

可让团体成员写下若干年后自己的状态，尽可能展开自己的想象，展望未来，看到自己最渴望、最需要的东西，然后折回现实，看到目前的现状，以更清醒的状态处理当下的情绪和偏差行为，脚踏实地朝向未来的目标。如果扮演角色的学生不能解决问题，指导老师可鼓励他把自己当成一个长大了的、更坚毅的、更智慧的人，想象如果自己长大成人了，会如何解决这一问题。

8. 束缚技术

顾名思义，束缚技术要利用绳索等道具来束缚主角的肢体，以象征心理的无形压力，借以引导主角更真实地进入心理情境，说出心中的痛苦，最后再鼓励其挣脱出来，以示其突破重重压力得到解脱，达到疏通情绪的目的。

9. 雕塑技术

雕塑技术是一种非口语的表达方式，它将剧情中的某一场景状况、情感需求等用肢体语言定格为静态。如要求演员像雕塑一样，摆出一些姿势，通过身体语言来外化他们的情感。雕塑技术的原理是人们的姿势、姿态外化了他们的内心，这些身体姿势将那些通常超出意识范围的隐秘的信息重新带入他们的意识觉察之中。

10. 去角色技术

当演出结束后，相关演员要面对观众表达真实的自己，从角色中抽离出来，回归自我。

11. 对白技术

对白是校园心理剧中最传统、最直接、最简单也最常用的一种演出技术。该技术充分运用语言的魅力，从不同的角度来表达角色的感受。角色间的对白贯穿整个表演过程，它有助于推动剧情发展，展现人物关系，表达角色感受，达到表演的目的，常与其他技术如镜像技术、投射未来技术等配合使用。

12. 旁白技术

旁白主要通过言语的方式表现剧情发生的背景，角色内心的活动、冲突,是烘托气氛、刻画人物内心世界的重要方法。可以用"这是""事情的发生"等语言来解释、说明事件发生的情形,也可以用"我""他""我们""他们"等来表现角色内心感受,前者叫情景旁白,后者称为角色旁白。

13. 独白技术

独白是演员直接面对观众表达自己内心所想与所感。独白技术可以让观众理解角色的内心世界和想法,加深潜意识的联结,触发共情反应。与此同时,演员也能再次反省以及思考自身存在的不合理信念。

独白技术的运用有以下几种方式:

(1) 与自己谈话。演员在遇到困难时,可通过独白的方式表达自己复杂、矛盾、挣扎的冲突心理,也可通过独白向自己提出建议,思考解决问题的办法,鼓励自己等。

(2) 自言自语。某一情节发生之后,演员可以自言自语,比如刚才的态度是消极的,经过反思,觉得不对,可自言自语表达出来,指导老师可以鼓励演员想出更好的解决办法。

(3) 结合空椅子技术。在一些场景中,可以设置一些道具,如小猫、小狗,或者玩具娃娃,演员把它们当作交谈的对象,告诉它们自己的心里话,既能帮助演员表达内心世界,又能帮助观众了解剧情及问题。

实践研究发现,独白技术是个体展现自我创伤记忆较为有效的方法。

在校园心理剧的整个过程中,观众始终发挥着重要的作用。观众不仅观看演员的表演,体会演员的情绪,也在思考着剧情的发展及主角应如何解决冲突。观众的作用有许多种,如提供反馈,为冲突提出合理的建议,鼓励主角,成为主角倾诉的对象等。在校园心理剧中,指导老师可以组织观众,让他们认同某一角色,也可以让观众自由认同,还可以指定某些观众认同某一角色,在演出结束时,让这些观众描述自己的认同体验。还可让观众担任公众意见的代言人,让不同的观众分别代表不同教育水平、不同职业的人,考察不同的人如何从不同角度看待剧中情景。

另一个安排观众的方法是让不同的观众担当与主角有不同的社会距离

的角色。例如，主角是一个 10 岁的男孩，父母对他提出"每周只能上网 1 小时"，他对这一规定十分不满。可安排一个情境，该情境中这一男孩抗议父母的要求，让观众分别担任他的兄弟姐妹、祖父祖母、老师、朋友、父母的朋友、警察等，观察这些人对该男孩的不同的反应，他们各自持有何种观点、提出何种解决问题的方法，以帮助主角了解不同人的不同反应。

（三）校园心理剧的实施

校园心理剧颇似一个创造性地解决问题的过程，包括准备阶段、演出阶段、分享阶段、审视阶段四个部分。

1. 准备阶段

这一阶段的主要任务是确定主题、创作剧本、排练剧情。

（1）确定主题。一般根据贴近学生生活的心理冲突或心理矛盾来构思主题，包括但不限于：

·适应不良的问题。如环境不适应、生活自理能力差、身体健康问题、自我认知失调等。

·与学习有关的问题。如注意力或记忆障碍、考试焦虑、动力不足、成绩波动过大、厌学等。

·人际交往方面的问题。如舍友关系失调、同学之间不和、异性交往不当、社交恐怖、缺乏交往技能、难以被他人接纳、校园欺凌等。

·情绪问题。如情绪不稳定、消极情绪体验过多、过于内向封闭等。

·其他心理问题。如家庭关系不协调、单亲家庭、经济困难、网络成瘾、性格缺陷等。

所确定的主题要充分考虑同一受众群体的不同心理需求，力求能够全员参与。

根据所确定的主题收集相关素材，创作者在充分挖掘自我和小组成员与主题相关的情感冲突和行为事件的基础上，整合其他孩子所遇到的与这一主题相关或类似的情感冲突、认知、行为表现和内在需要，从孩子的学习、生活、交往过程中会遇到的心理困惑出发进行选材。

题材处理分正面处理和侧面处理两类。在处理题材时，表现的问题要集中，着力突破一个难题，而不是面面俱到。例如，有很多校园心理剧是以单亲家庭作为故事背景，剧中的家长和孩子的亲子关系往往紧张。由于家庭不完整，家长把过多的希望寄托在孩子身上，提出不切实际的要求，而孩子的心理也常常存在孤僻、偏激等问题。在双方的精神高压下，孩子变得越来越叛逆、动不动就顶嘴，甚至离家出走，出现轻生的念头。在表演时应该更多地展示一方的心理状况，疏泄心理垃圾，寻求解决的途径，主要指向主角的心理环境改善。

剧情对白应注重正向引导，剧情发展和台词内容应向观众传递积极心理信号，激发更多的正能量。剧中的台词设计要慎之又慎，应杜绝"离家出走""自杀吧"等消极心理暗示的语句，这也是对观演孩子的一种积极保护。

为了使剧情发展有起伏变化，合情合理，引人入胜，引起观众的共鸣和反思，校园心理剧在编排中常常使用一些艺术手法。常用的艺术手法有设置悬念、重复关键场景、渲染、对比、夸张等。

（2）创作剧本。剧本一般包括整个故事发生的时间和地点，剧中人物的心理特征、姿势、肢体动作、表演技术，表演中的道具、布景和音响效果等内容。

在创作校园心理剧剧本时，一般是有针对性地选择学生共同关心的典型话题或具有共性的心理困惑，但也要兼顾两对关系：一是考虑学生心理健康现状和挖掘学生心理潜能之间的关系；二是揭示学生心理问题与塑造正面健康人格榜样之间的关系。

在讨论和写作剧本时，应注意剧情的三个关键阶段：

第一阶段是还原心理事件。这一阶段时间不宜过长，主要是借助情景营造，交代故事情节和人物关系，让观众在尽量短的时间内看明白发生了什么。

第二阶段是呈现心理状态。这是剧本创作的重点，应尽可能详细地展示心理问题的酝酿、发生、发展和高潮,让人感觉到这个心理状态的产生是顺应常理、自然发生的,且很难调和,亟待解决。

第三阶段是心理疏导。指出心理发展的可能走向,预估心理问题的可能后果,提出解决问题的参考方案,方案要对观众和演员有启示。

(3) 排练剧情。校园心理剧的排练,也是自我觉察和成长的过程。排练中应注意以下几点:

第一,参与者把排练视为演出,充分理解剧本和角色,并在此基础上进行排练,揭示主角心理矛盾冲突的产生、发展过程。

第二,演员进入角色,体验角色的内心世界,共情和自我共情,把当下的真实情感融入剧情中,达到真情流露。

第三,充分发挥自发性和创造性,允许演员根据自己的体验和感受,对剧中的情节进行讨论修改,设计心理情境,加深冲突体验,强化内心矛盾,鼓励用别出心裁的方式表达角色的内心世界。

第四,引导观众观察扮演者的言语和行为,并体会其内心感受,分析角色的处理方式,将自己的体验注入角色,提出修改和表达建议。

排练的步骤一般如下:一是研读剧本,发表对角色的理解和看法,讨论剧情和角色特点,明确相关要求;二是反复试演,充分体悟觉察,自我修改;三是深入探究和挖掘剧情,精雕细琢,不断调整;四是对整个剧情进行整体排练,按需调整,个别处着重排练。

2. 演出阶段

演出阶段的重点是参与者的心理释放、心理干预和心理建设,让他们获得心理自助能力,重新建构自我。在这个阶段,指导老师必须具有洞察力,因势利导,运用各种技术,使参与者投入到活动中来,获得帮助和指导。

演出时,首先演员要调整好情绪,缓解压力,投入真情实感,展现出角色的情感反应;要有一定的场景协助人员,引导观众尊重、支持与共情,维护演出所需的环境氛围。允许演员充分发挥,不以固定的模式进行表演,并尽可能让参与者都能看清表演,在宽松、平等、互动的环境和气氛中敞开心扉。

3. 分享阶段

校园心理剧要想取得较好的辅导效果，演出结束后，应及时指导演员和观众进行问题分析、自我思辨，非判断性地表达自己的观察和反应。

演出阶段和分享阶段有时候会有交叉，甚至可以根据台下观众的讨论临时修改剧情，临场表演。

4. 审视阶段

审视阶段是指导老师及演员在演出后的反思、回顾、评价和分析阶段，是校园心理剧团体的自我成长与提高的过程。

这一阶段的具体内容包括分析剧情的表达、效果是否达到预期目标，并根据效果对剧本进行再次修正；分析角色扮演的情况，对演员们的演出表现、团体的凝聚力、自我开放程度等进行探讨，深度分析行为背后的情感问题，并给予积极辅导，促进自我成长；分析从观众处收集到的各种信息，以完善和提高剧本和表演。

在审视阶段，指导老师还要考虑如何能让演员和观众把在表演或观看校园心理剧时所获得的感悟、经验、反思和体会用于实际生活中。

（四）校园心理剧的应用

在心理健康课上展示。学生可以自编自演现实生活中的案例，反映问题的实质并提出解决的方法。这种教学方式使心理健康课真正成为解决学生问题的平台，学生们非常喜欢，演出效果也非常好，能挖掘出学生的巨大潜能。

在班会课上展示。班会课采用校园心理剧的方式，达到学生自我教育的目的，这是当今心理健康知识普及工作的一大特色和进步，深受学生的欢迎。

在学校相关心理健康活动中表演。学校每年可以举办心理健康节、心理健康月、心理健康周等活动。在这些活动中，校园心理剧是深受学生欢迎的节目。

应用于团体心理辅导活动。在团体心理辅导活动中，可以用校园心理剧的方式，让学生在演绎的过程中不断体会、感悟，最终解决问题。

此外，在学校德育活动和家长学校培训中，校园心理剧都能发挥积极作用。

三、发展"自我安全地带"

利用"营造美好"技术——"表达或创造积极资源"，可以战胜、覆盖或整合大脑中旧的、创伤性经验和记忆，促进心理功能恢复正常。

我们可以使用积极意象，营造一个让心灵感到安全的"美好地带"，当痛苦或创伤闪回发生，就可以成功地将注意力转移到这个地方，替代创伤经验和记忆，让痛苦的心灵得到安抚而宁静。我们把这个"美好地带"称为"自我安全地带"。

（一）体验"自我安全地带"

可以按照下面的方法指导孩子，将意识带到"自我安全地带"，体验安全感。

> 首先，舒服地坐好，放松。
>
> 然后，闭上眼睛，在脑海中想象一个地方。这个地方可以是室内的，也可以是室外的，在这里，你可以毫不费力地感到舒适。做几次放松的呼吸，想象自己已经到了这里。看看你能否一次专注于一种感觉。你看到了什么？慢慢环顾四周。你听到了什么？注意这些声音——近的、远的，也许是非常远的。接下来，你闻到了什么？自然的味道，还是人工的味道？现在触摸一些东西，感受它的质地——光滑或粗糙，硬或软，重或轻。环顾四周，如果有任何材料、颜料、石头或其他材质，触摸它们。看看你能不能用它们做点什么。它不必是

完美的大小或对称的。或者你不需要做任何事，做某事或不做某事都感到很自在。放松，做几次深呼吸。去尝试，但不要太用力，记住这个地方的细节，就像脑海中的画面。这是你的地方，你放松的地方。轻轻地、慢慢地循着你进来的路离开。

（二）建立"自我安全地带"

花一些时间想象那些可以让你得到安抚的、对你来说安全的、你渴望去的地方——你的安全地带。它可能是一个公共场所，如公园；或者是私人空间，如温馨的家或隐蔽的花园；或者是大自然的风光，如草原、沙滩、大海；或者与你的业余爱好有关，如绘画、唱歌、读书、运动等。这是转移注意力的有效方式。

可以通过书写、绘画或讲述的方式，建立"自我安全地带"。

（三）丰富"自我安全地带"

在自己选择的"自我安全地带"中进一步发挥想象，将它变得更趋近于自我内在的意象。如果是一个花园，请了解它的布局，这样你可以信步其中，闻着某种花香，听泉水在另一边流淌。如果你享受太阳照在肩膀上的感觉，那么想象它是一个温暖的日子。你可以想象你在进行一项业余爱好，试着沉浸其中。如果你选择的意象是一个温馨的家，可以想象从一个房间走到另外一个房间，房间里放满自己喜欢的东西。或者，你可以选择在想象中进行一次按摩或者美妙的治疗——如果这可以安抚你的话。如果你对你的体验"路线"很熟悉，那么你的意象就会变得更加吸引人。通过在现实中或在头脑中搜集画面之后，尝试把你的"自我安全地带"绘制得更为生动。比如每当你看到喜欢的画面的时候，都试图把细节添加到你的意象里，诸如此类。

每天坚持积极意向练习，直到你的积极意象足够生动，足够接近能够使你的心灵得到宁静的"自我安全地带"，在出现痛苦或创伤记忆闪回的时候，能够让你安全撤离。

利用积极意象还可以构建通向"自我安全地带"的桥梁。比如，你可以想象自己从创伤场景飘移到"自我安全地带"或者是信任的朋友把你从困境中带出，或者是你冲出困境之"墙"，来到"自我安全地带"。

（四）应用"自我安全地带"

当自己感到放松的时候，坚持积极意象练习，这样，当情绪危机来临时，就能较顺利地切换到积极意象上。

在感到痛苦的时候，请先做放松练习，将你的注意力转移到你所在环境的某个东西上。例如窗帘的阴影或材质，或者远处的风景等。

为了成功分散注意力，你需要十分努力地重新集中注意力，将注意力导向"自我安全地带"，从而关闭你的痛苦记忆。

练 习

1. 坚持每天晚上睡觉前专念冥想。

2. 感受想象。

闭上眼睛，想象着你特别想吃苹果；

想象这个苹果就摆放在你的面前，它的形状、色泽、气味、大小、重量是怎样的；

想象你吃这个苹果，咬上一口，有什么样的味道，关注你的口腔、身体、心理发生的反应。

3. 拓展想象。

想象你躺在软软的海滩上，你看到一望无际的大海，它的颜色，你感到……

你闻到了沙滩的气味，你感到……

你闻到了海水的气味，你感到……

> 太阳照在你的脸上,你感到……
>
> 海风轻抚你的脸颊,你感到……
>
> 再留意那些你通常会忽略的颜色、细节,你感到……
>
> 请留意你内在的感受,你感到……

第三节 重构自我认知

重构自我认知来源于认知行为疗法(CBT)中一种常见的干预措施——认知重构。它基于这样的假设:消极的、自动产生的想法会导致情绪困扰和问题行为。

孩子的早期经历和对关系状况的感知会影响他对自我、对他人、对未来的认知和看待世界的方式。一个拥有稳定关系和获得良好照顾的孩子,一般会形成积极的自我观,对生活充满希望。有创伤经历的孩子可能会发展出消极的自我观,对他人和未来持消极态度。这种在童年经历影响下形成的认识世界、看待事物的方式、方法,也就是自我认知系统。

并非所有经历童年创伤的人都会在成年阶段遇到严重的问题,但是,确实有为数不少的人都在早年的创伤经历中挣扎过,有一些人会积极地寻求帮助之道,另一些人则选择独自承受。我们可以通过重构自我认知,改变自己的想法,从而调整自己的情绪,改善问题行为。

一、五因素模型

心理学家帮我们总结了自我认知系统中的五个因素以及它们之间的内在关系(如图2-4所示)。

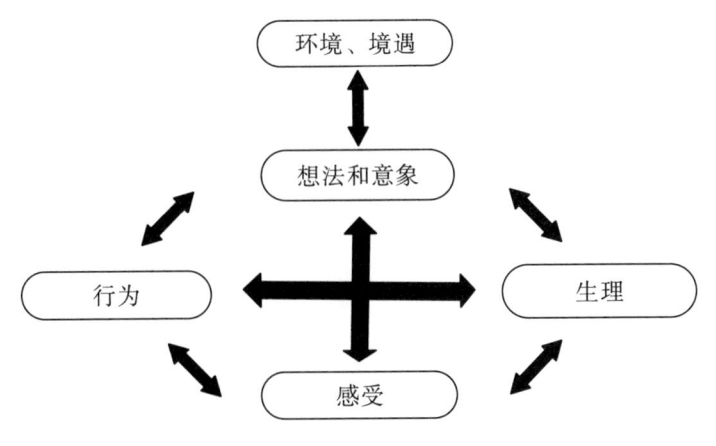

图 2-4 自我认知系统五因素模型

从该模型可以看出，我们的想法和意象、感受、行为、生理，都在影响彼此，继而和我们生活的环境、境遇互相作用。任何一个因素的变化都会在其他层面产生影响，所以，模型中的每一个联结都提供了一个改变的机会。比如，改变想法与意象，不仅可以影响一个人的思维方式，还可以影响一个人的感受和行为。

（一）想法和意象、感受、行为

如上所述，我们这几方面的体验能够互相影响，因此，坏的循环一旦建立起来，问题也就会持续下去。这一循环中，心理学家特别感兴趣的是"想法↔感受"的循环。我们感受的方式影响我们的想法，我们的想法也影响我们的感受。

例如，每一个罹患抑郁症的人都感到很痛苦，他越是感到沮丧，他的想法就越消极悲观；反过来，消极的想法又会加深痛苦的感觉。这样，抑郁的人会倾向于让沮丧的念头和记忆持续下去。

我们的想法和感受同样也影响我们的行为。一个感觉快乐和自信的人会十分友好，也就会拥有更多的社交互动机会，因此，他的快乐会持续。而抑郁、焦虑的人基本上会绕开他所害怕的一切，回避与人接触，这样他的恐惧就不会受到挑战，然而他的焦虑会持续，让他把情况想得更糟。一个抑郁的人在行为上也会表现出更多的退缩。这样做的后果是，在他的世界里，他很少能感受到成功和喜悦，而这会使他的抑郁持续下去，于是他也就更难克服他的社会退缩。

除了这些联结之外，我们的想法、感受和行为方式，还进一步受到我们的生理状态和环境（我们生活和工作所处的情境）的影响。

（二）生理

我们的生理状态是很难定义的，但不可否认的是，它对我们的想法、感受和行为有着强大的影响。生理状态直接影响我们的感受方式。例如，你在工作上面临压力，从而感到肌肉紧张，缺乏注意力，心烦意乱；处于饥饿状态，你可能会感觉紧张和不舒适；前一天晚上宿醉，你可能会觉得情绪很脆弱，头脑昏昏沉沉；大多数女性对随着月经而产生的情绪和生理变化会很熟悉。这些都是由生理波动引起情绪变化的例子。

我们身体中有一种很重要的化学物质叫作肾上腺素。肾上腺素飙升时，心脏收缩力加强，血管扩张，机体处于兴奋状态，会感觉身体充满精力，这是正常的生理反应。但如果处于此种状态的时间过长，会消耗体内的大量能量，引发一些不良反应，比如头晕目眩、失眠、口干舌燥、全身不适，更为严重者会出现肌肉酸痛的感觉。长时间处于肾上腺素较高的水平，会对机体造成一定损害，此时需要回归安静状态，避免受到较大刺激，一段时间后可自行缓解。

肾上腺素会让我们在焦虑、饥饿、愤怒或兴奋的时候变得难以平静，它同样与焦虑、饥饿、愤怒和兴奋相关，很容易使我们混淆。例如，我们实际上是饿了或者生气了，却以为自己是在焦虑和害怕，或者我们认为需要吃点东西的时候，实际上我们是愤怒的而不是饥饿的。肾上腺素在咖啡因的刺激下会升高，这也就是为什么我们在吃了巧克力或喝了咖啡之后会觉得兴奋。明智的做法是不要摄入过多的咖啡因，因为这会导致不愉快的情绪激动，如果你容易焦虑或愤怒，高水平的咖啡因只会让事情变得更糟。

食物、酒精、药物和自残，都会引起大脑不同水平的改变，可能带来暂时的放松，所以，暴食、药物和酒精滥用、自残，都十分容易成瘾。但是，在长期过程中，它们必然会使情况恶化。所以，比较明智的选择是找到让自己达到舒适状态的替代方法，但这并不是件容易的事情。一些药物能够导致精神亢奋或情绪低落，某些药物，特别是激素类药物，同样可以影响一个人的感觉和行为方式。因此，在使用药物之前记得问问医生，它可能对情绪带来哪些影响。

要记得，当考虑自己的问题时，尽可能将生理因素考虑进去。这样做的优点在于可以避免产生不必要的自责，因为有些是再正常不过的身体反应。

（三）环境、境遇

我们经历的第五方面，主要是我们所生活的环境，包括家庭、社会和工作环境。我们需要应对的压力越多，就越容易在情绪问题上挣扎。

来自环境的压力可以有许多种形式。它可能是由一个单独的压力性事件引起的，如搬家、换工作、结束一段关系、疾病或财务危机；也可能是由一系列同时发生的小事件引起的，如身体的小恙、工作上的变动、和亲密伙伴的意见不合等；还可能是由担忧许久的问题引起的，如不安全的居住环境、令人不满的工作条件、一直没有缓解的躯体问题等。

认识你生活中的压力有两点好处。首先，你能认识到，你遇上的困难是真实的，从而避免过度责备自己。其次，你可以问一问自己，是不是还有可以为之努力之处。有些压力，我们需要尽可能地接纳和忍受，比如，学着和躯体残疾共处，或者尝试照顾生病的亲人。还有一些压力可以通过具体的步骤来帮助解决：比如向银行寻求财务建议，寻求医生协助以减轻躯体不适，向咨询师寻求解决关系难题的帮助等。

对于有些压力，我们需要认识到，在某种程度上它们是我们自己造成的，我们可以通过改变行为的某些方面来减轻压力。关于这方面的经典案例是"工作狂"。当事人过度工作，让自己疲惫不堪，使自己处于压力中，但一直持续，没有停下来的意思。此时，他需要改变他的行为，减少工作量。另一个比较常见的例子是：一个处于压力性关系中的人，他太紧张或者太愤怒，以至于无法对他的朋友保持礼貌，因此他们的关系不得不遭受更多挑战。又如，一个人正处于一段有压力且受批评的关系中，并且被这种关系损耗，因此他采取了"受气包"的姿态，在受批评和情感受虐中把自己变成了一个活靶子。在上述例子中，承受压力的人需要变得更能维护自我，才能打破不断恶化的关系，使终止恶性循环成为可能。

我们通过下面两个案例来呈现问题是怎么发展的，以及五大因素如何相互作用。

小珊本来就有抑郁倾向。她发现她的工作很有压力（环境），这样的工作压力很快就把她的精力消耗殆尽，因此，她开始感到相当抑郁（感受）。随着她的情绪变化，她发现她工作时很容易精疲力尽（生理），她开始忽略社交和娱乐活动（行为）。她表现出社会退缩，这意味着她将不再参与到曾经让她感到愉快的活动中（行为），而她的抑郁也随之加深（感受）。她开始想："到底发生了什么？"（想法）每当她的朋友们鼓励她和他们一起玩，她都会倾向于宅在家里。

小翰有人际关系上的问题。某晚，他和一个朋友约好，在当地健身房的快餐店见面。约定的时间过去了十分钟后，他的朋友还没有出现（环境）。小翰的结论是："他让我的情绪很低落。又有一个人不把我当回事。我不想在这里等下去了！"（想法）他越想越生气，感到热血上涌（生理），他用拳头重重地捶在桌子上（行为）。现在，他已经是暴怒的状态（感受），当他的朋友走进来，小翰表现得很无礼，并且不听朋友对迟到的解释。小翰气冲冲地离开了（行为），严重地破坏了这段友谊（环境）。但是，由于他感到非常愤怒（感受），他没能做出其他的反应。事后，他反思自己的行为，并对他可能给朋友带来的伤害感到很抱歉（想法）——毕竟，他没有太多朋友，而这也使他感到伤心（感受）。①

正是不同因素的相互作用，使他们的问题一直处于活跃状态。运用五因素模型进行分析，可以弄清楚各种因素相互起作用的模式，这样做的好处是，模式一旦被理解，就可以被打破。比如，小珊可以尝试通过降低工作中的压力来改变环境因素，同时多参加一些社交活动，并可以尝试以真正积极的方式，而不是以退缩的方式来面对她的工作，她可以分析并挑战她的消极思维模式。同样，小翰可以捕捉、分析、挑战他的愤怒思维模式，并尝试调整他的行为，这样他就不会在找到解决的办法之前就冒犯他的朋友，导致关系恶化。

二、重构自我认知的步骤

第一步，识别消极的想法。确定导致情绪困扰或问题行为的自动发生的消极想法。

第二步，挑战消极想法。质疑消极想法的证据，寻找替代性的、更积极的解释。

第三步，生成替代性想法。用更现实、更积极的想法取代消极的想法。

第四步，评估替代性想法。考虑新想法的证据和含义。

第五步，练习替换。有意识地使用替代性想法来挑战消极的想法。

小李是一名高三的学生，新学期开始后，他在连续几次考试中都出现失误，成绩一跌再跌。经咨询得知，他在考试过程中遇到自己不会做的题时，就感觉非常的紧张、焦虑（情绪）、手心冒汗、发抖、

---

① 肯纳利：《治愈童年创伤》，张鳅元译，生活书店出版有限公司，2019年版，第70—71页。

脑子空白（行为），不断地想"糟了，我肯定完了，一定考不好了"（想法），严重影响发挥，导致害怕考试。咨询师和小李一起识别他的消极想法——"糟了、肯定完了、一定考不好了"，这导致"灾难化"的歪曲认知，从而害怕考试。然后，咨询师引导小李挑战消极想法——"一道题不会，就完了，一定考不好"，这种想法符合现实吗？不符合。那有没有更现实、更积极的想法取代消极想法——"这道题不会，提醒我需要弥补相关知识，接下来我就可以针对这类题多练习；考试过程中这道题我不会，别人也不一定会"。这样的想法显著降低了小李焦虑、紧张的情绪。高三下半学期，他有意识地使用上述替代性想法来挑战消极的想法，高考的时候发挥出了自己的实力，考上了理想的大学。

三、重构自我认知的策略

认知重构的过程涉及重新解释和重新评估引发消极情绪和行为的消极认知。下面结合上文所述的五个步骤，分享一些促进自我认知重构的策略。

第一步，识别不合理想法。具体策略包括：记录下你经历过的消极或不合理的想法；追踪你的想法、感觉和行为之间的关系；确定触发负面情绪的事件、你关于该事件的信念以及由此产生的后果。

第二步，质疑不合理想法。具体策略包括：搜集支持和反对你消极想法的证据；考虑采用可能的不同方式来解释情况；检查你的想法是否合乎逻辑，是否存在思维偏差（例如过度概括或非此即彼思维）。

第三步，发展替代性想法。具体策略包括：用积极的和支持性陈述取代消极的表达；制定基于事实和证据的现实主义想法；对自己保持同情和理解，避免过度自责。

第四步，练习认知重构。具体策略包括：用积极的自我对话取代消极的内在批评；与治疗师或支持性同伴练习质疑和改变消极想法；与心理咨询师合作，识别和改变有害的认知模式。

第五步，培养元认知技能。具体策略包括：注意自己的想法，识别何时出现不合理或有害的想法；质疑和评估你的想法，不要自动接受它们为真实；当出现不合理想法时，用替代性想法取代它们。

整个认知重构是一个循环的非线性过程，任何阶段都可能反复进行。持续练习和努力，个体能更加娴熟地识别和挑战消极认知，并内化更积极和有利的替代性认知。

可以参照表2-1、表2-2，思考你在什么时候感到烦恼，你尝试使用的应对策略是什么。随后，你可以回头看看你的应对策略，并从中找出哪些对你来说最有用。

先使用表2-1三栏表，问自己：我的想法合乎逻辑吗？我的想法是真的吗？我的想法符合现实吗？我这么想对解决现实问题有帮助吗？还有没有别的解释？然后再使用表2-2五栏表。

表2-1 改变认知——三栏表

情境 （时间、地点、事件）	自动化思维 （当时在想什么）	情绪及强度 （为情绪的程度打分）

表2-2 改变认知——五栏表

情境（时间、地点、事件）	自动化思维（当时在想什么）	情绪及强度（为情绪的程度打分）	合理的反应（为合理反应的相信程度打分）	结果（情绪打分，行动计划）

第四节　自我共情

共情是理解他人特有的经历，并相应地做出回应的能力。

自我共情是基于自己的经历做出适应和改变的能力，其本质是自我连通的能力。

一、自我接纳

自我接纳指能够看到、理解和拥抱自己心中存在的不完美，不排斥当下的一切对心理、生理产生的影响，能够与之和平共处。这里的"一切"包含了自我或他人的生理、意识、情感和行为反应带给个体的感受。"和平共处"不代表个体能够很舒服，很自在，而是代表个体不排斥生理、心理的影响，能够与不自在、不舒服相处，承认它们存在的合理性，并让它们同时存在。

这种共情的接纳"就是一种对于当事人的热情关注，无条件地认为他是一个具有自我价值的人，不论他的状态，他的行为或者他的感受是什么样子"[1]，即对自己、他人作为一个独立的人的尊重和欣赏。看见自己，用自己的方式拥有自己的感受和态度，柔韧前行并拥抱无限可能。

接纳并不意味着认命，它是一种主动的选择，是面对现实的平静态度，特别是当我们痛苦不堪或者倍感压力的时候，可以选择接纳而放松下来。当真正放下抗拒，敢于直面问题和现实，你才不会被消极情绪羁绊，内心自然能恢复平静，冷静地思考然后解决当下的问题。

---

[1] 罗杰斯：《个人形成论：我的心理治疗观》，杨广学等译，中国人民大学出版社，2004年版，第31页。

自我接纳首先是放下，放下执念，就能获得内在的解脱。可以问问自己：生活中哪些是我不肯放下，害怕失去的东西？我在害怕什么？这些害怕让我付出了哪些代价？如果放手了，我还能活下去吗？

自我接纳要求我们正确对待批评。被他人批评是再正常不过的事，对于那些真诚、中肯、指引人生方向的批评意见，我们应谦虚听取，认真接受和反思。

学会独处也有利于自我接纳。当我们能够平静地独处，就能够听到自己内心的声音，能够更好地认识自己，并在认识自己中学会包容自己，从而接纳自己本来的样子。当我们学会了如何舒服地独处，就更有能力接纳他人，与他人共处。

健康的自我接纳需要从接纳他人开始，特别是那些我们认为伤害过我们的人，他们让我们更加看清自己。宽恕他们，其实就是宽恕自己。很多时候我们感受到的伤害，往往来自我们自己，内心的抗拒会导致我们越来越痛苦，解决这一切问题的唯一办法就是接纳。接纳已经发生的事实，才能找到解决问题的方法。

二、自我理解

共情始于理解，改变从理解启航。

心理学研究表明，童年创伤所形成的自我苛责是不会完全消退的，自我苛责具有潜在的破坏力量——它会不断地侵扰我们，使我们陷入抑郁和焦虑的状态。消除自我苛责的最佳方式是理解它，对之抱以共情之心，并以更为友善的表述取代对自我的种种偏差评判和自我虐待的"疯狂"行为。即使不能立竿见影，也可以慢慢地帮助自己澄清内在的偏差认知，重新进行自我关注和建构。

练 习

我们用三把椅子分别替代苛责者（内心来自他人的苛责的声音），被苛责者（自我苛责的声音），旁观者（明智、有爱心的人的声音）。将三把空椅子围成一个三角形。

首先，想一想自己的"问题"所在，然后坐在代表苛责者的那把椅子上。落座之后，大声地表达出内心这一部分的思想和情感。例如，"我恨透了你的懦弱与犹豫不决！"注意这些苛责的遣词和语气是忧虑、生气还是懊恼；注意表达的内容；同时注意你身体的姿势。

然后，请坐在代表被苛责者的那把椅子上。试着共情你被批评时的感受，说一说自己的感受，并且直接对内心的批评者做出反应。例如，"我感到很受伤"或者"我感到孤立无援"。请再次注意你的语气和身体的姿势。

接下来，转换批评者与被批评者的角色，试着体验一下双方的感受，让每一方都能充分地表达自己的观点，并且得到聆听。

现在，坐到代表旁观者的那把椅子上。想一想，你共情部分的自我对批评者说了什么，获得了什么启迪，例如，"你的声音听起来就像妈妈"，或者"我看得出你是真的怕了，你正在帮我，所以我不会再一蹶不振了"；你共情部分的自我对被批评者说了什么，例如，"日复一日地听到这些严厉的批评之词真是难为你了，我看得出你确实受到了伤害"，或者"你所需要的也仅仅是接纳自己罢了"。试着放松，开启你的心灵，让它变得温柔。此时也应注意你的语气和身体的姿势。

对话结束之后，反思一下刚才发生了什么。你是否对思维模式的来源有了新的发现？是否能以更积极的方式思考当前的处境？

> 将你沉思之后的所得设定在未来,以更友好、更健康的方式看待自己的意愿,让自我批评的旧习惯逐渐消失,而你所要做的只是聆听存在已久的声音——明智、关爱的自我之声,尽管曾被雪藏。

三、联结共性

共情之心源于对人性的尊重、接纳和认可——人的内心深处有着相似的情感、冲动和感觉。共情是开阔自我视角,拓展自我界限,将自己的故事与他人的历史相融合,从中产生移情,尊重事实,联结人际关系,构建和谐世界的一种能力。

练 习

活动准备:多种颜色的正方形纸若干,将每张纸分别剪成不规则的四小块。

活动流程:

1. 每个参与者在规定的地方选取一张自己喜欢的纸片。

2. 根据所选纸片的颜色与形状,到群体中寻找一个与自己图形契合的"有缘人"。

3. 两个"有缘人"坐在一起,相互自我介绍,以兴趣爱好、所做的某件事或经历过的某种情况等作为交谈的话题,找出彼此三个以上的共同点。

4. 两个"有缘人"一起去寻找与自己的图形契合的另外两个"有缘人"。

5. 四个"有缘人"通过交谈,将彼此的三个共同点写出来。

6. 全体交流分享。

当我们留意到自己与其他人的共同之处，就会出现"人在人间"，与其他人产生联结的感觉。尤其是当羞耻感和不胜任感肆虐的时候，把自身的不完美与人类共有的体验联系起来，就会感到与他人更接近、有所归属，从而体验到与周围世界的联结，增强自我胜任感和安全感。

能意识到我们彼此相互关联，理解和宽恕就能延伸至他人，彼此之间的隔阂也会少很多。

练 习

让参与者在团体辅导室的一边站列成行。告诉参与者，当团队领导者叙述每一项痛苦经历时，如果他们也有过类似的经历，就面向前方跨一大步。

团队领导者逐一叙述收集到的一系列痛苦的经历，每一项都要说得慢，为每个参与者留有充分的时间思考和判断，并能够让他们看到群体中的谁曾和自己有过一样的遭遇。如："你有因为提出自己的观点而被伤害或被指责的经历""你在学校曾被老师或同学羞辱""你曾因讲话的方式、穿的衣服，或者身高、体型和外貌而被人欺负、取笑或者伤害"等。

当领导者结束叙述后，要求参与者原地不动，前后左右看看，再一次感受人的共性。

联结共性满足人类寻求关联和归属感的需要，即将自我的现实状况与共同人性进行关联。每当痛苦的事情发生，我们总是感觉自己是"世界第一惨"，可是事实上，痛苦很多人都会碰到，这些痛苦并不是我们独有的，我们并不孤单。寻求关联是人的天性，当我们与处在类似境况下的其他人产生关联，提醒自己只是某个群体中的一分子的时候，大脑也会分泌一种激素，使我们获得安抚，减轻自己的压力。

四、自我宽恕

自我宽恕即原谅自己。

人生中难免会有伤害他人或者被他人伤害的经历，这些经历会让我们后悔甚至不原谅自己。当陷入痛苦中时，我们很难自我共情。此时，首先应联结共性；然后自我觉察——用给自己写信的方式，写下自己的感受和想法，让问题外化，认清自己在当时情况下的局限性，在这个经历中找到成长的意义；最后及时补救——激发感恩之心，用积极的视角看待他人及理解他人的言行，诚实地对待自我的感觉和行为。

> **练 习**
>
> 请你根据下面的表述，写一封信。
>
> 先选择一项让你感到羞愧、不安或者不是"足够好"的方面，思考：
>
> - 是什么（外表、关系、能力等）让我对自己的感觉变差？
> - 它们是如何让我感受到害怕、悲伤、沮丧、不安和愤怒的？
> - 当想到这些不满意的地方，会出现什么样的情绪？
>
> 把这些真实的感受和情绪书写出来。
>
> 然后，想象一个接纳、宽容和关怀你的朋友，他能够理解你所有的优点和不足，包括你刚刚想到的。仔细思考他会如何对你，怎样去接受和关爱真实的你，包括你所有的不完美。这个朋友会认识到人性的不足，宽容和原谅你的缺憾。在他看来，你的不足与很多事情有关，而这些事情你没有选择的余地，如你的基因、家庭历史、生活环境——完全不受你的控制。

从这个朋友的视角，给你自己写一封信——集中于你认为的自身的不足。从一个朋友的角度出发，想一想，他会对你的"瑕疵"做出什么反应，如何向你传达他的关怀？尤其是在你对自己感到不自在，进行严厉的自我批评时，这个朋友为了提醒你，你只是人类的一员，所有的人都有自己的优点与不足，他会在信上写些什么内容呢？如果你认为这个朋友会给你一些建议，认为你应该做出一些改变，这些建议如何体现无条件的理解和同情？当你从这个虚拟朋友的角度给自己写信时，试着让你的信包含强烈的接纳、友善、关怀，以及对自己健康、快乐的渴望。

在你写了信之后，把它放到一个地方。一段时间之后，再拿出来读一遍，真正地理解信的含义。爱、联系、接纳是你与生俱来的权利，你只是需要成为自己内心深处本来的样子。

第五节　自我关爱

自我关爱即关心和爱护自己。这是一个人心理健康和幸福的基石。自我关爱所形成的美好、健康、愉悦的行为方式和积极情绪，可以战胜、覆盖或整合大脑中旧的、创伤性经验和记忆，促进心理功能恢复正常，形成正向的连锁反应，这是修复童年创伤的核心。

一、关注本真感受

童年创伤导致个体习惯性地关注环境中他人的情感反应，忽视自我需求，缺乏深层次的自我了解。有效的自我关爱起源于满足内心需要。

（一）觉察本真需要

日常生活中，有意识地与内心联结，关注生活事件带给自我身心的积极体验，了解内心的真实需要。

人内心的成长与对自我的认识并没有因为成年而停止，如果一个人不能完全了解自己，不能正确地认识自己，给自己一个客观公正的评价，不清楚想要什么、要做什么、能做什么，他的言行就会出现偏差，严重影响心智和躯体的健康成长。

以下这些问题能帮助你了解自己的好恶：

- 你最喜欢的食物是什么？
- 你最喜欢的运动是什么？
- 你最喜欢观看的电影是什么？
- 你最喜欢读的书是什么？
- 你最喜欢穿的衣服款式和颜色分别是什么？
- 你最喜欢过的节日是什么？
- 你最想培养的天赋是什么？
- 你最渴望去旅游的地方是哪里？
- 你最擅长的技能是什么？
- 你最喜欢的朋友是谁？
- 你最不喜欢的家务是什么？
- 你最不喜欢的活动是什么？
- 你最喜欢花时间去做的事情是什么？
- 你最喜欢的活动是什么？

如果能够容易地回答出上述大多数问题，说明你比较了解自己的本真需要。如果对很多问题的回答都难以确定，这就暗示了你日常生活中太过关注外部世界，而不太关注自己的内心——这是成长过程中慢慢习得的模式。自我关爱从知道自己喜欢什么开始。知道自己想要什么，才能知道自己该做什么，也才能够唤醒自主行动的内驱力，做出符合自己意愿的行动。

觉察自己的本真需要是自我了解的基础，帮助我们了解自己的思维、情感、意志等心理活动，准确定位自己的当下和未来。

练 习

可根据上面列出的问题，设计《本真需要记录表》，记录你能想到的所有喜欢和不喜欢的东西。可以包括某一地方、颜色、形状、食物、活动、家居风格、人、人的言行，或你自己的心情等。凡是能分类的，都记录在表格里。并留下空间记录每天想到的、遇到的新奇点，自己感觉到的改变。坚持一个月或更长的时间。

（二）感受真正的幸福

一些被童年创伤困扰的孩子，以追求完美来获得他人的关注和爱，把"他人喜欢我"摆在自我需要之前，对他人"有求必应"，没有边界地帮助他人，过度牺牲自己的情感和自我需要。这种以满足他人为乐的动机，是一种扭曲动机，个体从中不会体验到真正的幸福——愉悦和满意感。

拒绝接受他人越界的要求，无须感到愧疚。你可以真诚地与对方不断地沟通："是这样的……""我是这样想的……""我的感受是……""我的需要是……""我的请求是……"通过类似的持续沟通，自我的想法和感受得到澄清、确认、理解和接纳，所建立起来的人际关系更加紧密和积极。

自我诚实，意味着知道自己是谁，也知道自己面对的是谁。当我们没有勇气面对自己的问题时，应诚实地面对自己，提升自我。

觉察和接纳自己的真实情绪，意味着你需要恰当地遵从自己的情绪，学会拒绝与请求。诚实地接纳内在的焦虑、抑郁等情绪，用自我鼓励——"我要改变""我要拒绝""我一定会越来越好"替代这些消极情绪，减轻无谓的愧疚感的困扰，增强拒绝的勇气。

受到创伤困扰的人，非常抗拒依赖他人。因为自己难以拒绝他人，对他人的要求感到困扰，所以建构了他人也同样有这样的困扰的认知，认为向他人寻求帮助会使他人"处于两难境地"，因此会觉得内疚而羞愧，结果是自己常常帮助别人，却难以寻求他人的帮助。我们需要帮助这类孩子构建"并不是所有人都会在拒绝和寻求帮助的时候内疚和羞愧"的信念。

> **练 习**
>
> 1. 面向一个人，发出你内心渴望的一件需要他帮助的请求。
> 2. 详细记录这个过程中，你的真实情感和内在语言。

学会享受幸福。幸福是身心愉悦和满足的感觉。每个人都需要并且有权利去追求幸福。

正确看待"尊重自己的感受，把自己放在第一位"。有时你需要拒绝，才能给自己一点空间去追求你想要的真正的幸福，享受这种身心愉悦的感觉。这不是自私，而是给予和收获的平衡、自己和他人的平衡。

懂得爱自己，比什么都重要。当你自爱的时候，其他人才会尊重你，当你懂得爱自己的时候，其他人才知道该如何爱你。只要持续努力一段时间，不适感就会逐渐减少。

二、自我抚慰

自我抚慰，是自己体恤自己，安慰自己。其核心目标是帮助自己从自我实际处境着想，对自我的痛苦采取非虐待的方法，给予更少的批评，更多的抚慰。这是疗愈创伤的重要技术之一。

（一）触摸抚慰

人天生喜欢触摸。人体皮肤是最大的感觉器官，温和适当地抚触、拥抱、击掌等肢体碰触，能够让人放松下来，缓解恐惧和焦虑感，减轻或消除创伤所引起的疼痛、精神压力等。

如果你察觉到自己紧张不安、悲伤不已或者正在自我批评，请试着给自己一个温暖的拥抱，轻抚自己的双臂和脸颊，或者轻轻摆动你的身体。重要的是，你要摆出传递爱、关切与温柔的姿势。如果无法做出实际的身体姿势，你也可以想象拥抱了自己。

注意察觉拥抱之后自己身体的感受，在遭遇痛苦的时候请给自己拥抱，每天数次，至少持续一周。希望你在有需要的时候，能够形成从身体上安慰自己的习惯，充分利用这个轻而易举的方式去善待自己。

（二）意象抚慰

意象抚慰可以激活和重置依恋和关爱系统，积极意象练习好似演员的表演，全情投入到所扮演的角色中，情感和意识也会随着角色的变化而变化。可以从尝试想象"被他人关怀"或"关怀他人"开始，慢慢适应意象抚慰。

接受抚慰想象的指导语如下：

请你闭上眼睛，深呼吸，让自己平静下来。请你回忆曾让你感受到温情、关爱或者是你爱的某个人（你的父母、祖父母、老师，或是其他内在的重要他人，或是动物）的形象。请让他们停留在你的大脑中，想象他们就站在你的面前，满怀爱意地看着你微笑，和你说话……想象他们给予你温暖、爱和关怀的具体细节——抚摸你的头……温和地对你说……给你一个温暖的拥抱。

感受一下你身体的变化——身体放松了。请你在这个画面里停留一段时间，想象自己和他们一起做有趣的事、一起大笑……你感受到了来自他们的爱，你感到很放松……你很自由……你很幸福……

你拥抱着他们……

深呼吸……

睁开你的眼睛，舒展一下你的身体。

抚慰他人想象的指导语如下：

闭上你的眼睛，深呼吸，让自己平静下来，想象一个需要帮助的人或动物……

想象你看到的他们现在这个样子的感觉（感觉他们很害怕、痛苦，你也难受、同情他们）……

你内心出现了（想帮助他们）的念头……

你将如何实施你出现的念头……

你能给予他们抚慰吗？你将如何给予抚慰？想象你给了他们拥抱、安慰、温暖、关怀……

关注此刻你内心的感觉……

深呼吸……

睁开眼睛，舒展一下你的身体。

请每天晚上睡觉前花几分钟时间，想象上述两个画面。

（三）创造自我抚慰

引导孩子通过冥想在现实当中寻找一个他爱的和能由之感受到爱的人——重要他人，然后充分收集这个人的各类信息——日常生活中的言谈举止、思维、行为和情绪，面对他人和事件的情感表达等。

引导孩子将身心完全融入重要他人的现实生活，结合自身经历创造一个角色——融自我的情感、特征与重要他人的性格及生活于一体。孩子在日常生活中要尽量保持同所创造的这个角色一样的精神状态,这不是表演,而是现实生活中的自我创造。重要的是能够全情投入,能够充分感知、演绎和内化重要他人的心理状况,在模仿和内化后重塑自我,实现自我成长。

(四)发展自我抚慰能力

将过去、当下与未来的自我联结,通过冥想,想象一个具有自我抚慰意识和能力,又能践行自我抚慰的自己,发展自我抚慰能力,成长自我。

练 习

深呼吸,让自己平静下来,现在开始冥想。

想象另一个自己——这是一个拥有自我抚慰品质的真实的自己——有助人的激情、力量、智慧、勇气……

分别想象拥有每一个品质的你的样子(从外在表现——面部表情、语调、衣着、姿态等各个方面一步步地完善拥有每一个品质的自我形象)。这样的你,会是如何思考和看待这个世界的?

除此之外,你想到的还有什么?

如果没有,就接着实施下面的想象。

把拥有你所想到的所有品质的自我整合起来,想象这样的你的样子……

想象这样的你,是如何思考和看待这个世界的……

然后想象,你是一个充满仁爱之心的人,具有自我抚慰品质的人,你发现了一个需要帮助的人,你会怎样做?

最后想象你和另一个自己走在街上,是什么样的步伐?你们会交流些什么?

这个形象逐渐建立起来之后,可以不断地把它调出来,巩固它。这样

既可以在帮助他人或是自己生活遇到困难的时候有一个行为方向，又可以不断地通过践行这个形象，慢慢成为真实的自己。

自我抚慰行为能够激发个体的自我共情，帮助个体承认和接纳自我的痛苦、焦虑；明白痛苦、焦虑是人类共同经历的一部分，并为自己提供理解、关爱；以善意的行动回应当下的困境和焦虑；友爱地与自我对话——"没事的，你是一个经历过痛苦，能够战胜困境的强者。"面对自己的错误或感知到的缺点，也不会那么严厉地苛责自己。

任何人都可以在生活中坚持练习，培养仁爱之心，实施自我抚慰，以帮助自己战胜焦虑、抑郁和情绪压力。

三、结束自我苛责

随着对孩子心灵工作状态的深入了解，我们意识到孩子的"内在创伤"往往来自环境对他们的非正向评价和漠视，那些负面经历使他们郁郁寡欢，生存的危机让他们形成了"我不够好""我不讨人喜欢"等扭曲认知，做出了"我不能够做自己"的扭曲决定，放弃自我。他们扭曲地与环境联结，建立了一个不平等的关系——扭曲地构建了一个非健康成长的、受创伤困扰的自我。当内心真实的需要不断与环境发生冲突而受挫的时候，他们往往会无情地展开自我苛责、自我批评："我真笨！""我一无是处！""我一点用也没有！""我什么都做不了！""我太懒惰了！"

这些自我苛责、自我批评来源于不安全感和自卑感主导的扭曲信念，常常与生活中的自我伤害、攻击等极端行为联系在一起，对个体身心具有强烈的破坏力，会产生新的创伤体验——羞耻感和无意义感。

（一）友好沟通

当内心真实的需要与环境发生冲突而受挫的时候，可以通过"看见、感受、需要和请求"四个要素，友好地沟通和表达。

用"我看到……"真实地表达此刻看到的结果，不判断，不批评。

用"我感到……"真实地表达此刻的感受，如害怕、愤怒、开心等。

用"我需要……"真实地表达此刻自己是因为哪些需要没有得到满足，才有了这样的感受。

用"我的请求是……"清楚地、真实地表达此刻对自己或对其他人的要求。

例如，哥哥放学回家，看见客厅里沙发上放着弟弟臭气熏天的袜子，于是对弟弟说："弟弟，我看到客厅沙发上你的袜子，散发出来的气味我感到特别恶心，我喜欢整洁、干净、空气清爽的家庭环境。"接着，哥哥蹲下身子，面对弟弟，友好地提出了具体的请求："我想请你将袜子放进洗衣机。"

哥哥借助这四个要素，友好地表达了自己的"看见、感受、需要和请求"，而不是自我批评、责备——"我真是无用！改变不了弟弟的坏习惯。"

在这个过程当中，最为重要的是对四个要素的准确觉察。

练 习

处于青春期的女儿因为这一次考试失利，情绪非常低沉，回家后把自己关在房间，愤怒地将学习用具摔在了地板上。

请用友好沟通的方式与她对话，并引导她详细地写下与自我的友好沟通。

（二）心理日记

心理日记是自我心灵的对话，是表达情绪、维持良好身心状态的有效方法。

不限篇幅。当天你想写多少，就写多少。只要写完日记过后，觉得脑内的想法都已经好好地保存到日记簿内即可。

尊重本心。以释放困扰情绪为目的，尊重本心，记录当下的事、当下的感受、当下的信念、当下的困扰等。

宁静的环境。选择一个让自己感到舒适的地方，不受干扰，还可以播放轻柔的音乐……

自我诚实。不过滤思绪，真切地自我对话，这是心理日记的关键。

坚持数周的练习后，你会发现过去从来没有注意到的思绪清晰地出现在大脑中，源源不断地展现给自己，让自己有突然开悟之感，有助于减少批评式自我对话，促进自我理解。

提升情绪困扰的自我疗愈能量，需要我们具备整合使用"管理创伤记忆、自我共情、自我关爱"这三个核心要素的能力。心理日记是实现这个目标的重要载体。

试着运用"管理创伤记忆、自我共情、自我关爱"技术，坚持一周或更长时间，书写心理日记。

支柱三：调控焦虑情绪

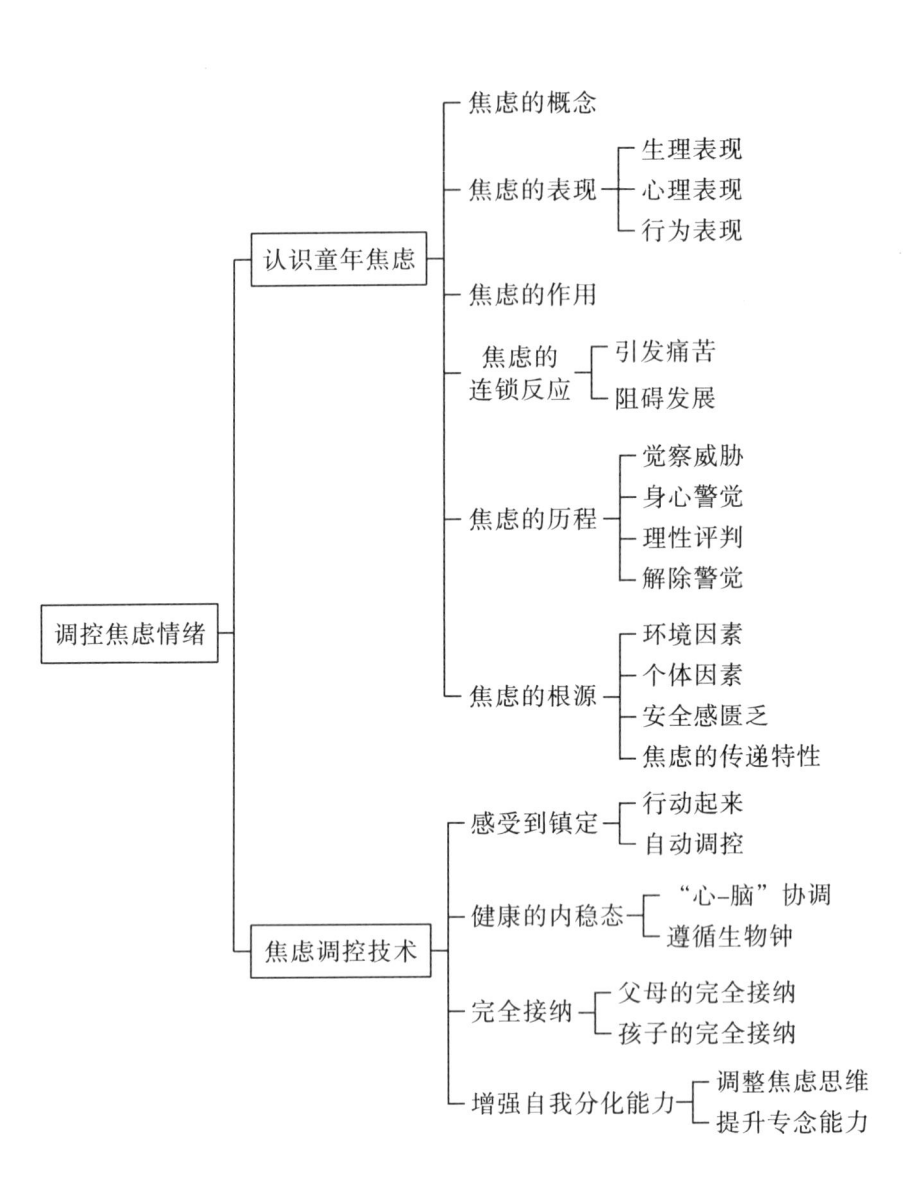

```
                                  ┌─ 焦虑的概念
                                  │                  ┌─ 生理表现
                                  ├─ 焦虑的表现 ──────┼─ 心理表现
                                  │                  └─ 行为表现
                  ┌─ 认识童年焦虑 ─┤
                  │               ├─ 焦虑的作用
                  │               │
                  │               ├─ 焦虑的     ┌─ 引发痛苦
                  │               │  连锁反应 ──┤
                  │               │             └─ 阻碍发展
                  │               │
                  │               │             ┌─ 觉察威胁
                  │               │             ├─ 身心警觉
                  │               ├─ 焦虑的历程─┤
                  │               │             ├─ 理性评判
                  │               │             └─ 解除警觉
                  │               │
                  │               │             ┌─ 环境因素
                  │               │             ├─ 个体因素
                  │               └─ 焦虑的根源─┤
                  │                             ├─ 安全感匮乏
  调控焦虑情绪 ───┤                             └─ 焦虑的传递特性
                  │
                  │                             ┌─ 行动起来
                  │               ┌─ 感受到镇定─┤
                  │               │             └─ 自动调控
                  │               │
                  │               │               ┌─ "心–脑"协调
                  │               ├─ 健康的内稳态─┤
                  │               │               └─ 遵循生物钟
                  └─ 焦虑调控技术─┤
                                  │             ┌─ 父母的完全接纳
                                  ├─ 完全接纳 ──┤
                                  │             └─ 孩子的完全接纳
                                  │
                                  │                    ┌─ 调整焦虑思维
                                  └─ 增强自我分化能力 ─┤
                                                       └─ 提升专念能力
```

支柱三：调控焦虑情绪

童年时期的经历和环境会对个体的心理健康产生重要影响。童年焦虑可能源于各种原因，如家庭问题、学校压力、人际关系等，如果不能得到及时的干预和解决，可能会对个体的心理健康造成长期的负面影响。

童年焦虑对不同个体的影响程度可能有所不同。及早识别和处理童年焦虑是重要的，教养者应提供适当的支持和帮助，促进儿童的健康成长和发展。

调控童年焦虑可以帮助个体培养和增强心理资本。通过解决童年焦虑问题，个体可以建立更健康的心理模式和应对机制，增强自信心，保持乐观态度。

心理健康提升模型的目标是帮助个体实现心理健康的全面发展。将调控童年焦虑作为心理健康提升模型的支柱，是为了关注个体在童年时期可能面临的心理问题，并通过培养心理资本来提升个体的心理健康水平。这种模型可以帮助个体建立积极的心理模式和应对机制，提高情绪智力，增强适应能力，从而更好地应对生活中的挑战和压力。我们可以通过帮助孩子调控焦虑情绪，预防和解决孩子早期心理问题，为孩子未来的心理健康奠定坚实的基础。

作为成人的我们，常一厢情愿地认为孩子总是无忧无虑的，童年是快乐和幸福的。然而事实上，童年是多种元素的混合，其中不仅有好奇、兴奋、幻想、幸福，也一定有恐惧、愤怒和悲伤，特别是具有童年创伤经历的孩子更是如此。如果这些负面感受悄悄地积累起来，就会演变为孩子成长中最大的隐形障碍——焦虑。童年焦虑是客观存在的，有些还非常严重。本部分将对焦虑的产生与调控进行详细介绍（如图3—1所示）。

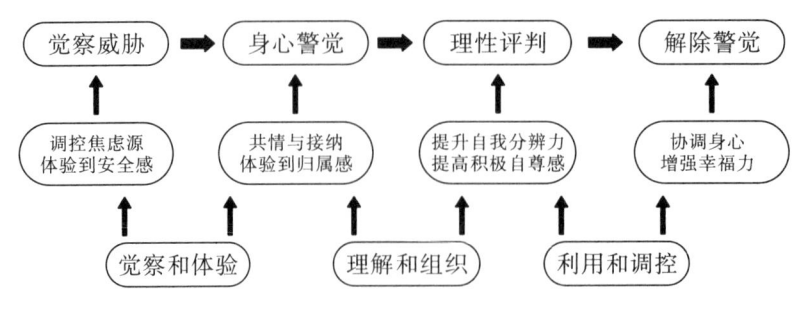

```
觉察威胁 → 身心警觉 → 理性评判 → 解除警觉
   ↑          ↑          ↑          ↑
调控焦虑源   共情与接纳   提升自我分辨力  协调身心
体验到安全感  体验到归属感  提高积极自尊感  增强幸福力
              ↑          ↑          ↑
           觉察和体验    理解和组织    利用和调控
```

图 3-1 焦虑的产生与调控

第一节 认识童年焦虑

这天一如往常，小区游泳池里挤满了学游泳和嬉水的孩子，水声、笑声和交谈声不绝于耳。然而，每个群体里总有那么一两个孩子正以某种方式挣扎在焦虑情绪中。

一个4岁小男孩的妈妈正耐心地哄他下水。游泳班里，一个5岁的女孩欢快地走进游泳池，双手拍打着水面，可是当几滴水溅到她脸上时，她就大哭起来。池边，一名8岁的男孩正在跟妈妈大吵大嚷："我讨厌游泳！我要回家。"妈妈大声地训斥他。

当教练要求几位学员开始跳水比赛时，一个14岁的女孩正要跳水，突然，她看见这个年龄组里数一数二的跳水高手。她心里一阵紧张，稍一犹豫，结果没有把动作做好。她平时训练的时候跳得可是相当好的。

上述情景中的孩子都在经历焦虑，只是表现的方式不一样。

4岁的小男孩因为要与妈妈分开而感到紧张；5岁的女孩害怕脸被水打湿的感觉；8岁的男孩想到游泳的时候跃跃欲试，可是一旦来到游泳池门口，他就感到紧张，想要逃走，用生气来掩盖真实的情绪；14岁的女孩心里总是患得患失:"万一我没做好动作怎么办?"影响了她的发挥。孩子面对挑战表现出来的犹豫不前是一种焦虑性行为,是因害怕、紧张、担心等产生的消极情绪——焦虑所导致的。

一、焦虑的概念

焦虑是人对现实或未来事物的某种不确定性过度担心而产生的不愉快的复杂情绪状态。[①] 本书讨论的焦虑是童年焦虑。童年焦虑是指孩子在成长过程中表现出来的一种持续性的对社交关系、学业、自身能力和环境的不确定性的过度担心,包括紧张、害怕、恐惧、愤怒和悲伤等累积起来的负面感受,逐步演变成为成长中的最大困扰和障碍。[②] 这种焦虑可能与家庭环境、学校压力、个人经历或遗传,以及对亲人或自己生命安全、前途命运的担忧等因素有关。持续焦虑是产生心理问题的根源。童年焦虑是孩子成长中的焦虑,有别于医学上的焦虑症。重要的是理解童年焦虑对孩子身体、情绪、思维、行为以及人际关系的影响。有些孩子,特别是年幼的孩子,即便产生了焦虑,自己也浑然不觉。因为他们还不能够准确感知、评判内在的感受,不能够准确描述这些感受。如果孩子身边的重要他人不能够及时感知和发现,不能够及时给予积极的帮助,这些负面感受对孩子造成的痛苦积累起来,就会严重影响其认知、情绪和行为,演变为心理疾病。

二、焦虑的表现

焦虑造成的困扰既有心理上的也有生理上的,这是因为许多心理活动与激素水平及血液流动的变化密切相关。

[①] 张春:《孩子健康成长的影响力》,四川大学出版社,2024年版,第64页。
[②] 科恩:《游戏力Ⅱ:轻推,帮孩子战胜童年焦虑》,李岩、伍娜、高晓静译,中国人口出版社,2015年版,第2页。

（一）生理表现

当肾上腺素进入血液的时候，容易紧张的人会立刻做好逃生、反抗或装死的准备。一方面，血液涌向心脏，心跳与呼吸加速，并伴随肌肉紧绷、僵硬。另一方面，大脑中与逃生无关的区域，如消化系统的功能在此时就显得不那么重要了，像控制手写字一样的精细运动能力也会被忽视。因此，只有少量的血液流向胃、手、皮肤和大脑，出现程度不同的胃部抽紧、压迫感或灼烧感，手脚燥热或冰冷、颤抖、出汗、皮肤湿冷、语无伦次、丢三落四、不知所措等。还有的孩子可能会出现尿急、肠胃不舒服、大小便失禁等。有些孩子反应强烈，有些孩子反应轻微。

孩子若能知道这些紧张的生理反应是人之常情，就会释然并认可自己的感受，而不会以为它们预示着很大的危险，也不会以为自己"有毛病"。他还会明白：紧张过后之所以筋疲力尽，是因为紧张会导致一列生理上的连锁反应。

（二）心理表现

紧张、担心、害怕等反应是焦虑的核心情绪，此外还包含着急、挂念、忧愁、不安、烦恼、恐慌乃至愤怒等成分。惊悚与恐惧意味着极度的焦虑。

（三）行为表现

焦虑会导致各种各样的行为表现，如：羞于表达自己；不敢尝试新事物；与人交往时扭扭捏捏；过于在意他人的看法；做事情必须完美；做选择时迟疑不决；很难接受生活中的变化；常常因为小事情而发脾气或不高兴；坏情绪产生后很长时间才能平静下来；表面上顺从安静，实际上并不开心等等。紧张性与强迫性行为习惯也属于焦虑的外在行为表现。

假如类似的情形经常发生，那么说明孩子已经陷入持续的困扰中，既无法自己摆脱困境，又无法直接表达内心的痛苦。此时，我们必须清醒地意识到，孩子需要帮助。

每个孩子焦虑的表现不一样，感受也不一样，其影响的程度也不一样。我们要根据每一个孩子表现出来的特征进行鉴别，助力孩子战胜焦虑。

三、焦虑的作用

焦虑本身是一种正常的情感反应。紧张、担心、害怕等，其目的在于调动个体的各种积极资源，迅速地采取各种措施，以有效地阻止伤害。及时有效地调控焦虑，对孩子积极成长具有促进作用。

健康的个体必须具备适度的焦虑情绪，因为它能驱使我们避开危险，产生趋利避害的积极思维和行动，构建适宜的环境。

面对某件事，意志力完全松懈的个体，注意力涣散，丧失警惕，不能够全神贯注，不利于行为达到最佳状态，行为结果无法实现最佳目标。如考试、体育运动等活动中，适度紧张会让个体发挥出最佳水平，因为这类活动需要全神贯注。只有当一个人过度紧张或者总想逃避（正如上述案例中游泳池里那些紧张的孩子）的时候，它才成为一种危害。

适度的焦虑还能让我们远离不道德的行为。焦虑和害怕可以作为一种自我控制的手段，利用紧张、害怕、担心提醒自我，做了违规或违心事就会惹上麻烦或者感到内疚，产生罪恶感或羞愧感。

四、焦虑的连锁反应

如果没有及时调控焦虑情绪，任焦虑发展过度，就会对个体身心造成持续的困扰，让人感到非常痛苦。过度焦虑会干扰孩子的学习和社交等健康生活，因为他们内心充满各种担心、害怕，无暇顾及其他。

（一）引发痛苦

过度焦虑的深层次心理状态是内心缺乏安全感，这是心理疾病的源头。缺乏安全感的人往往经常感到威胁、危险和焦虑等，当焦虑达到一定程度时，就会感到非常痛苦。

> 一个 11 岁的男孩长期不能够独立在房间睡觉，特别担心母亲不要他了。他在日记中写道："我非常担心会死掉，还担心会刮飓风。这些担心让我难受极了，我等不及周四跟你见面了，现在就想告诉你。我真的、真的很担心，我心里紧张死了。我睡不着觉，没法正常过日子。我希望能有办法解决这个问题，我迫切地想要找到一个办法。你能帮我想想办法吗？"他还表达了想跳楼的想法。同时，他经常粗暴地对待他的弟弟。

许多焦虑的人紧张起来的时候，紧张感会持续很长时间甚至经久不息，身体的紧张无处释放，就会变成对自我的折磨，造成极大的痛苦。

童年焦虑可能影响孩子的自我认知，使他们对自己的能力和价值产生怀疑，导致自尊水平下降，严重影响自我成长和自我实现。

> 小花和父母坐在一起看电影，随着恐怖音乐的响起，屏幕上突然出现了一条张着血盆大口的大鲨鱼，小花立刻感到心慌、肌肉紧绷……她立刻站起来，向门口跑去，脑中还想："要是鲨鱼追过来怎么办？"当晚她久久无法入睡，睡着后又被噩梦惊醒。
> 后来她拒绝再去看电影，还特别惧怕黑暗、独处等。

焦虑所造成的困扰，往往会使孩子逃避，拒绝参加可能引发焦虑的正常社交活动，总是感到不可名状的烦躁、坐立不安等。在长期焦虑的困扰下，孩子还可能出现攻击行为，要么攻击自己，如啃指甲、扯头发、自虐等，要么控制、攻击他人。

一些父母不清楚这是孩子受焦虑情绪困扰的反应，因为不忍心看到孩子愁眉苦脸的样子，对孩子的情绪困扰行为采取放任态度，如"算了，要是不想去电影院就别去了。""不想游泳就别游了。""害怕虫子就离那儿远点。"这不仅没有从源头上纠正偏差行为，反而会让孩子陷入焦虑逃避的恶性循环，错失重要的人生体验。他们逃避的事情会越来越多，生活圈子也会越来越小，最终可能会出现社交障碍等方面的心理问题。

童年焦虑会影响孩子的社交关系。焦虑使他们感到自卑，害怕与他人互动，或者过度在意他人的评价，导致他们在社交场合中感到不自在、紧张不安、恐惧和逃避，难以建立和维持健康的人际关系。人际关系问题又让孩子感到孤独，害怕被遗忘、被抛弃，因而对他人不信任，甚至嫉妒、敌视，或是态度傲慢。这样形成恶性循环，最终可能引发严重的人际冲突，或者表现出强迫性的内省倾向。

> 男孩小刚，在学校里总会撞击别人，也从不道歉。老师觉得他没有爱心，不尊重他人，是一个品德有问题的"捣蛋鬼"。同学们也公认他是学校的"小霸王"。小刚因此给自己招来了不少麻烦——经常遭到同学攻击，老师批评。
>
> 经过几次心理咨询，咨询师发现小刚其实是一个很有爱心的孩子，渴望与他人友好相处。他撞击别人的根源在于焦虑——担心没有人愿意与他玩，因此课间休息时就漫无目的地跑来跑去。他不能够准确辨识同伴之间的社交情景，无法参与到有规则的同伴游戏中。由于回避或不能够准确与同伴进行眼神交流，因此他经常会撞到别人身上（有时也是有意而为）。当因伤害他人而被谴责和要求道歉的时候，他的社交焦虑就会更加强烈，于是他东张西望，神经质地傻笑——无法正确回应别人的期望。他的沉默与傻笑又会激起老师、同学的愤怒，令父母担心。

孩子成长中的许多偏差行为，都与焦虑情绪有关。有童年创伤经历的孩子，表现得更为突出。每个孩子焦虑的表现不一样，感受也不一样。童年焦虑困扰可能导致各种痛苦，这些痛苦有的轻微，有的严重，有的偶尔发生，有的频繁发作，有的几乎一直持续不断。这些焦虑情绪如果得不到有效调控，可能导致孩子出现心理问题。

（二）阻碍发展

焦虑的孩子被紧张、担心、害怕等情绪困扰，难以维持学习、社交生活，严重阻碍心智的健康发展。

持续的焦虑会导致孩子内在心理力量不足，积极成长的内驱力匮乏，无暇顾及其他有益的探索、创造、实践活动。这类孩子常表现出思维、行为的不积极，学习状态非常不稳定。

例如，一些长期被焦虑困扰的孩子会回避与他人的交流，导致其社交技巧渐渐落后于同伴。由于焦虑，孩子不能够正确识别别人的行为和情绪反应，因而会曲解或忽视许多社会符号，结果在行为上变得笨拙，情绪上感到孤独和痛苦。在这样的情况下，单纯教授社交技巧，希望他们具有健康的社交功能，往往是无济于事的。因为这些孩子已经形成了"我不会再自讨无趣"的自卑信念，并通过回避社交维护自尊。

心理学研究发现，相当多的身体和心理问题都是由持续的紧张和压力造成的。这就是焦虑引起的"危险—生理—心理—行为"连锁反应。

五、焦虑的历程

用"安全系统"可以很好地解释焦虑的产生、持续、释放和结束的全过程。"安全系统"是指大脑在面对危险时的反应，以及从紧张到恢复平静的过程，即"觉察威胁—身心警觉—理性评判—解除警觉"的过程。

> **练 习**
>
> **感受安全系统机制**
>
> 闭上眼睛，深呼吸，把注意力放在你的呼吸上，继续深呼吸，你感受到内心的平静……
>
> 现在，请你回想过去一个让你害怕的情境……当时情境中的种种细节生动地出现在你的脑海里……你感觉到身体的不舒服……把你的注意力集中到你身体的不舒服上，仔细感觉此时身体和心情发生的变化……
>
> 现在，请你把注意力放在你对未来最担心的一个情境中，想象那件最让你害怕的"万一"的事情真的发生了……你的身体、心情发生了哪些变化……
>
> 好，现在请你把这些景象从你的脑海中抹去。缓缓地、深深地吸气，再慢慢地、长长地吐气……保持深呼吸。双手放在小腹上，随着呼吸一起一伏。现在，睁开眼睛，环顾四周，告诉自己，此时一切安然无恙（回忆再可怕，都已经过去了；想象再恐怖，此刻并未发生）……

上述过程中，你感到紧张，接着放慢呼吸，最后感到轻松的过程，就是安全系统四个环节的运转流程。

一开始，你的情绪平稳放松。在觉察到威胁的一瞬间，身体感受到危险迹象，警觉启动。这个危险迹象可能是一段回忆，或是想象中的一幅画面，不一定是当下的威胁。随着紧张感的产生，各种身体和心理的反应开始出现。随后评判机制开始理性地进行分析、评估和判断，鉴别危险的真假和程度，系统发出相应的信号，机体接收到信号后产生相应的行动。如果是安全的信号，则警觉解除，机体放松。身体从高度紧张的状态恢复到平静，从觉察威胁到解除警觉，往往需要一些时间。

从积极的意义上说，对危险保持警惕并没有什么错。但是，受焦虑情绪困扰的人，身心过于警觉，对周遭的评估判断往往有失准确，总是保持着高度的戒备。因此，他们要比一般人用更长的时间去解除警觉。如果你现在还对刚才的体验心有余悸，那就再多花点时间让自己放松下来。

（一）觉察威胁

当个体感受到威胁时，安全系统中"觉察威胁"的功能就被唤醒，几乎在同一个瞬间，身体出现本能反应——"身心警觉"。对于安全系统功能正常的人来说，这项工作一直在后台进行，不会干扰正常活动，通常只会消耗少量的脑力，偶尔遇到较大的危险时会提升警戒强度。

但那些深陷焦虑或恐惧的孩子，由于安全感匮乏，经常"看"到环境中的危险，持续处于紧张状态而无法自拔。"警戒工作"消耗了他们大量的心力和脑力，阻碍了他们的健康成长和发展。

> 7岁的阿博很怕雷雨，他会一遍又一遍地查看天气预报，天上飘过一小朵云彩就会让他紧张不已。他喜欢画画，但如果画纸上出现了一个小污点，他就会伤心痛哭……
>
> 阿博的生活里充斥着各种各样的焦虑情绪，弥散到整个家庭，父母为此精疲力尽。

（二）身心警觉

个体感觉到威胁，生理、心理同时发生"身心警觉"反应，以反抗、逃生、求助的行为来应对威胁所带来的危险，保护生命安全。如果这种状态长期持续，就会导致焦虑情绪的产生。

上述案例中，阿博反复查看天气预报，看见天上的云朵就紧张不已；看见画纸上的小污点就伤心痛哭……这些都是身心警觉的表现。但是，他难以恢复正常，并伴有各种各样的其他焦虑情绪和行为，这就是身心警觉反应过度。

身心警觉反应过度，会加重焦虑情绪和生理不适症状，并导致心理痛苦、想法偏执、关系紧张，出现行为偏差，严重时影响身心健康。

心理学研究发现，这种状态可能是由于亲子依恋关系不良、安全感匮乏。例如，父母用"你不听我的话，我就不要你了""你去死吧！"等话语威胁孩子，孩子多次体验到父母的拒绝、抛弃、否定，从而导致安全感匮乏。下列情况也容易导致孩子安全感匮乏：父母离异且关系恶劣、不来往，或父母死亡；频繁更换抚养人或养育者的教养方式存在巨大差异；父母忙于工作，一直以自我为中心，对孩子关爱不足；等等。此外，近年来青少年群体中焦虑人数飙升，也与孩子接触到越来越多充斥着恐怖画面的电影、游戏、新闻和电视节目有关——这些画面太过血腥暴力，孩子接触后无法化解紧张情绪，从而造成持续的高度戒备状态，加大了身心警觉的灵敏度和反应强度。

（三）理性评判

当"身心警觉"反应开始后，个体的"理性评判"机制会自动履行职责——启动思维脑，努力去弄清楚威胁、危险的真实性，评判危险程度，分析原因，且正视紧张背后的真实情绪，然后采取理性的积极行动，消除这种警觉。

正常的觉察、警觉和评判这三个环节，应当能够彼此协作，既保证速度又保证准确度。当我们不确定危险的真假时，三者的组合与协调尤其重要。我们需要准备随时做出反应，同时又要收集尽可能多的信息，直到分析完更多更新的信息，理性评估也就完成了任务，并发出信号：继续报警或者停止警报。

上述案例中，阿博面对云朵、小污点而恐惧、害怕，并出现身心警觉过度，这是由于他的"理性评判"功能低下，被困在了"身心警觉"环节里。身心警觉本身不具有判断作用，阿博知道雷声具有威胁性，让他害怕，但无法正确评判云朵与雷声的关系，不能够对脑海中想象的雷声与现实生活中的雷声进行进一步分辨。也即，他不能够实现理智和情绪在心理上的分离，在理智与情绪之间，情绪一直占支配地位，导致他不能够接受他人对危险的理性判断和引导。

理性判断机制其实对危险有着非凡的鉴别能力，但假如焦虑导致整个安全系统排斥新信息，那么理性评判也爱莫能助。导致这种状态的重要因素，是个体成长过程当中形成的"成见"——对人或事物所保持的一种持续不变的看法。这里指的是一种偏离正确看法的"扭曲认知"。①

> 从我记事的时候开始，我就害怕老鼠。九岁时的一个晚上，熟睡的我突然感觉有什么东西爬在脸上，我一下子惊醒，本能地伸手去抓，感觉是抓住了一只毛茸茸的动物，同时，我听见了老鼠"吱、吱、吱"的叫声。我吓得急忙松开手，一下子坐了起来，浑身大汗淋漓。当时房间光线昏暗，我不知道是不是老鼠。我也不知道到底是做梦，还是现实。但是我对老鼠的害怕并没有到此为止，更糟的是，我开始害怕所有毛茸茸的动物，从那之后都没有抱过毛茸茸的动物。到现在，我抓鸡都会有紧张的感觉。

上述案例中，主人公害怕的情绪来自成见而非现实。这是个体面对当下的人或事物，用成长过程当中所形成的扭曲认知或信念进行自我分辨。成见是干扰评估的准确性，使焦虑挥之不去的重要因素。

成长中的孩子，由于天性和环境因素的影响，比较容易对周遭事物产生引起恐惧的成见。成见是很难被改变的，尤其是与恐惧相关的成见，因为当事人往往对自己的成见深信不疑。唯有当事人接纳和意识到自己的认知、信念是一种"成见"，并且愿意改变，才有改变的可能。幸运的是，比起成人，孩子的成见更容易改变。

---

① 张春：《孩子自主成长的内驱力》，四川大学出版社，2024年版，第161页。

（四）解除警觉

紧张、害怕、恐惧、担心等焦虑情绪，在我们的生存、发展中发挥着重要的作用。但是，一旦危险过去，或者查明"觉察威胁"的警报有误，就应该关掉"警报器"，使"身心警觉"恢复正常。这就像响起火警铃声，却发现并没有火灾，就应该关掉警铃。否则，一直鸣响的"警铃声"会严重干扰个体的情绪，让人处于高度紧张的状态，心神不宁。

对于安全系统功能正常的孩子，如果"身心警觉"启动后，听到父母温柔的劝慰"孩子你看，这只是一朵云，不会出现雷声"，他们会正确地"理性评判"，接纳并认可环境是安全的，"解除警觉"机制被启动，"身心警觉"解除。

被焦虑情绪困扰的孩子，"身心警觉"太执着，会拒绝父母传递的"这只是一朵云"的安全信号。此时，我们应提供更多的安慰、保护，帮助孩子形成正确的理性评判，重置安全系统，孩子才可以完成"解除警觉"这个最后的环节，摆脱焦虑情绪。

随着年龄的增长，安全系统变得越来越复杂，但是从"觉察威胁"到"解除警觉"，重获安全感的顺序是不变的。如果成长中的孩子出现了偏差行为，我们应该思考如何助力孩子重新建立安全系统，促进安全系统机制正常运行。一次次重置安全系统的过程，也就是孩子逐渐建立并强化对环境的信任，体验到安全感的过程，孩子能从中学会如何应对生活中的威胁与挑战。

六、焦虑的根源

焦虑产生的根源是内心所累积的过去的成见，以及对未来的不确定引起的紧张、担心、害怕。

（一）环境因素

1. 家庭环境

研究发现，如果父母在面对新鲜或不熟悉事物时表现出退缩或回避，会更容易让孩子发展出焦虑症状。这表明，父母的状态对孩子焦虑水平具有重要的影响。

> 一家人准备在周末一起去野餐。母亲从前一天晚上就不停絮叨："明天会不会下雨啊？""万一野餐途中下雨，孩子淋雨了会感冒的！""来回路上会不会堵车呢？""如果玩得太晚回来，孩子第二天上学起不了床，会迟到的！"……

可以想象一下，上述情境中的孩子会是一种什么样的心情？如果孩子长期生活在这样的家庭环境中，其心理状态会有怎样的变化？

如果父母经常表现出对外部世界过分谨慎、担忧的态度，总是担心会有不好的事情发生，用灾难性的语言预期负面结果，那么孩子也会习得这样的观念，认为生活中处处是危险，进而逐渐限制自己在成长中的探索。

亲子分离焦虑几乎是所有儿童都会出现的，这是成长过程中正常的现象。但过度的分离焦虑则需要特殊关注，它源于亲子依恋关系不良，对此上文"身心警觉"部分已有叙述。

研究发现，家庭冲突（包括夫妻、兄弟姐妹和亲子冲突）也会影响孩子的焦虑水平。夫妻冲突和离婚都会导致孩子的焦虑，不同的是，离婚的影响会随着时间消逝，但若是不离婚，让孩子持续暴露在高冲突的环境里，他们的焦虑水平会一直居高不下。夫妻冲突会通过以下四种方式加重孩子的焦虑：孩子学习了父母无效的冲突解决方式，例如退缩和焦虑；父母采用不统一的标准要求孩子，给孩子一种不可控的感觉而导致焦虑；父母的冲突影响了他们与孩子之间的关系；父母的冲突作为孩子生长环境中一个普遍存在的压力来源，让孩子感到不安全。

此外，错误的教养方式也会加重孩子的焦虑。其一是过度控制，父母的高度警惕和干涉，成为孩子独立解决问题的阻碍。其二是消极教养，家里缺乏温暖和接纳，父母对孩子总是批评和拒绝。

2. 校园环境

和谐的校园环境让学生在学校有安全感，积极向上的校园文化能提高学生的认同度，增强归属感。反之，学生则会感到无法融入，疲惫的身心得不到充足的休息，紧张的神经得不到充分的放松，产生对现状和未来的焦虑情绪。

如果学校过分关注成绩，就会使学生也过分关注自己的学习成绩，担心考试失误，因而易于产生考试焦虑。例如，一些老师平时对学生的作业和测验安排得过紧，提出的要求过高，当学生没有达到要求时就严厉批评；一些老师对成绩不同的学生区别对待，强化学生的厌学情绪；同学间在学习成绩上的竞争使他们过于看重考试的成败……

（二）个体因素

1. 先天特质

研究发现，焦虑倾向是可遗传的。如果遗传基因导致某个孩子先天是一个高度易警觉者，那么在同等情境中，他更易觉察到危险而产生害怕、紧张、担忧等消极情绪。

先天特质不会决定人一生的走向，但会让人更容易朝某些方向发展。比如说，约有10%~20%的人天生会对不熟悉的事物反应过度，面对陌生的人或地方，他们要比常人花更多的时间才能获得安全感。

敏感的人容易过度解读别人的行为，反复思考揣摩又得不到答案，诱发焦虑。高度敏锐的察觉机会会导致超敏感的孩子回避新事物。孩子只有在接触并熟悉新事物的过程中才能提升安全感，而一味逃避会导致安全感无法形成。

2. 自我分化能力不足

焦虑的孩子总是耗费脑力去回顾过去的消极事件，被过去的消极情绪困扰，内在的安全警报未解除，从而对未来担忧，消极地预演着未来，思维固化，其根本原因是自我分化能力严重不足。

自我分化也称为自我分辨，指个体理智和情感在心理上的分离以及让自我独立于他人之外的能力，可分为内心层面与人际关系层面。在内心层面上，自我分化是指个体将理智与情绪区分开来的能力，即分辨在某个特定的时刻个体是受理智支配还是受情绪支配的能力。在人际关系层面上，自我分化是指个体在与人交往时能同时体验到亲密感与独立性的能力。自我分化包括两个过程：一是把自我从他人那里分化出来，二是分辨理智过程和感受过程。

自我分化良好的个体在与人相处时能够维持独立自主与情感联结的平衡。他们在与人相处时能够保持一个清晰的自我感，能够处理好"我"的位置，面对压力时也能够坚持自己的观点，而不去迎合他人的期望。因此，这样的个体在与人相处时能保持灵活的距离，能分辨情绪和理智，坚持自己不被别人的感受控制。

自我分化水平较低的个体，其行为只能依据情绪反应，容易依赖他人，在处理问题时极容易受外界的影响而缺乏理性的判断。尤其当面临压力时，自我分化水平低的个体可能会采取两种极端的适应模式：一种是回避他人，以避免因害怕失去自主性而产生的焦虑感；另一种是通过亲近、依赖他人，来减轻自己的心理压力。

自我分化水平高的个体更倾向于直接面对困难和压力、努力解决问题、接受现实和寻求支持，而自我分化水平低的个体更可能逃避、否认、歪曲事实从而导致焦虑持续存在。

（三）安全感匮乏

焦虑的本质是个体内心安全感匮乏。

安全感是一种从恐惧和焦虑中脱离出来的有信心、安全和自由的感觉，主要表现为确定感和可控制感。

缺乏安全感的人更容易感到焦虑。当个体面临无法处理的外界刺激或是某些需要得不到合理满足时，就会产生焦虑的情绪体验，威胁个体基本的安全感。为了减轻焦虑这种不良的情绪，个体会运用各种防御机制，如退行、否认、合理化等，实际上也是为了寻求安全感，得到某种平衡和安慰。

（四）焦虑的传递特性

在童年焦虑的形成中，先天特质、心理创伤扮演着两大重要角色。焦虑具有传递性，对弱小的孩子具有强大的感染力。

> 小鸡们出生几天后，实验者把它们一只一只地轻轻捧起，死死地盯着它的小眼睛，就像老鹰盯上猎物的样子。待实验者把它放下时，小鸡吓得僵在地上不动了，开始装死。大约1分钟后，它蹦起来，又开始四下走动。这就是从害怕到复苏的一次循环。
>
> 在第二步实验中，实验者同时吓唬两只小鸡，结果它们一起装死，大约持续了5分钟左右。也就是说，它俩一起装死的时间，比第一步实验中单独装死的时间要长得多。
>
> 接下来第三步，实验者在吓唬一只小鸡的同时，让另外一只在旁边闲逛，结果被吓的这只小鸡仅仅在地上躺几秒钟就蹦了起来。研究还发现，小鸡在镜子面前装死的时间最久，因为它以为镜子里是一只被吓坏的小鸡。

心理学家通过小鸡的僵固行为实验，得出这样的结论：受惊的小鸡会观察其他小鸡在干什么，以此来判断环境是否安全。如果其他小鸡正在欢快地四处溜达，那么前一只小鸡就接收到了安全信号：其他小鸡没有害怕，而且也没被吃掉，所以一定没危险，我也可以站起来了。如果其他小鸡也在装死，那么前一只小鸡可能就会想：虽然我自己没看见老鹰，但是其他小鸡肯定看见了，所以它不起来，那么我最好也老实躺着别动。这充分诠释了焦虑强大的传递作用。

父母的焦虑会因为情绪的传递作用，影响到孩子的情绪和行为，这也是孩子产生焦虑以及心理问题的根源之一。为什么有些父母很难安抚紧张的孩子？上述实验给了我们启示。一般情况下，孩子在轻度紧张时，只需要父母起到"没有害怕的其他小鸡"的作用，劝慰几句，孩子就可以得到安抚。而那些本身就高度紧张的父母，他们的劝慰反而会让孩子更加不安，因为孩子感受到了父母的紧张、焦虑，从而变得更加焦虑、无法自拔。

家庭情绪模式主要是指消极情绪在家庭中重复的情境，它使家中所有人对战胜消极情绪无能为力，使最弱小的那个人（通常是孩子）难以避免情绪困扰和伤害。

在家庭当中，"三角化"是很容易出现的一种家庭情绪模式。焦虑情绪"三角化"模式，往往聚焦于孩子。孩子会出现一些症状，可能是身体的、心理的或情绪的。这些症状是孩子消极的内在生存模式的外在反应，增加了父母的焦虑，而父母越焦虑，孩子的症状会越严重。

这种家庭消极情绪"三角化"模式是制造童年焦虑的重要因素之一，因此，父母有责任控制自己的焦虑情绪，防止焦虑情绪"三角化"在家庭中发生，为孩子构建积极的生长环境，促进孩子形成积极的内在生存模式。[①]

第二节 焦虑调控技术

助力孩子战胜焦虑，一方面，需要通过改变环境和教育方式，用温和适度的关爱，为孩子提供情感支持，增加孩子的安全感，助推孩子形成健

[①] 焦虑情绪"三角化"的相关内容可参看本套丛书中《孩子健康成长的影响力》第四章。

康的"安全系统"并维持其正常运转。建议父母（老师）阅读《孩子自主成长的内驱力》，了解孩子心理的需要及导致需要匮乏的原因，觉察和改变扭曲的认知、情感和行为反应。通过阅读《孩子健康成长的影响力》，用智慧的爱陪伴孩子，用积极教育的技术关注孩子的成长与发展，构建更加亲密的亲子关系，让孩子充分体验到安全感、归属感、自尊感、胜任感和成就感，增强积极心理力量，积极适应外部环境的变化，健康成长。

另一方面，如果成长过程当中的多方不良因素，使孩子"安全系统"功能失调，导致焦虑等情绪困扰和相应的行为问题，可以从导致焦虑情绪困扰的因素入手，积极关注孩子的感受、认知和行为，帮助孩子恢复"安全系统"的正常功能，协调和控制焦虑情绪。

一、感受到镇定

当孩子感受到来自内在或环境中的威胁时，父母（老师）首先要让孩子感受到镇定。镇定即遇事沉着稳定。这里是指在危险紧急状况下，保持沉着冷静、清晰的思维、有序的行动。镇定的状态，有利于孩子摆脱焦虑情绪的困扰，是帮助孩子直面挑战、战胜威胁的积极力量。

（一）行动起来

唯有行动，才能够达成目标。要让面临威胁的孩子感受到镇定，父母先要以实际行动改变自己，积极应对焦虑情绪，增强自我镇定的力量。

> **练 习**
>
> 回想一下，在哪些事情上、哪些情况下，你容易紧张？它是不是曾经潜入你的身体里、想法里、情绪里或者人际关系中？
>
> 选择一个恐惧，然后面对它；揪出一个紧张时的小动作，改掉它；或者翻出一件你一直回避的事情，直面它。

（二）自动调控

我们可以采用以下方式进行自动调控：

- 运用"焦虑干预策略"[①] 有效调控自我情绪。
- 关注当下。
- 改变家庭情绪模式。
- 用接纳战胜焦虑。
- 增强自我分化能力。
- 质疑认知。
- 积极改变。

改变自己，唤醒积极情绪，积极行动。当我们内在拥有激情，并伴随着毅力，改变一定会发生，会持续地积极改变。

二、健康的内稳态

内稳态是指，无论外部环境如何变化，个体的身体内部都能保持一定的动态平衡。这种相对稳定的状态是机体自我调节的结果，是人类发展过程中形成的一种进步的机制。

健康的内稳态是依靠神经系统和内分泌系统的相互作用来实现的，是个体身心健康和积极发展的首要条件。

健康的内稳态维持能力是有其生理和行为基础的，它与个体对不同生存条件的耐受性相关联，可以借助科学的锻炼过程加以调整、提高。健康的内稳态机制有助于孩子发展更广的耐受性，保持积极成长的源动力。

（一）"心－脑"协调

人的身体受到内环境或外环境的刺激时，"安全系统"的功能被激活，

---

① 相关内容请参看本套丛书中《孩子健康成长的影响力》第四章第一节。

应对危险的相关生理活动加强。如果焦虑、紧张的情绪持续过久，"安全系统"功能无法恢复正常，人就会陷入抑郁、焦虑和情绪压力的困扰，"身心合一"即"心一脑"协调的生理平衡被打破，严重影响其正常的生理、心理功能。

1. 平衡心脏与情感脑的关系

控制情绪的关键之一就是平衡好心脏和情感脑之间的关系。只要学会控制心律协调，就知道怎样控制自我的情感脑。

专注于呼吸、冥想或放松的方法可以获得内心平静，协调心律。呼吸是机体与外界环境之间气体交换的过程，我们时刻都在呼吸。呼吸练习是学习接受与改变身体状态，确保健康的内稳态最有效且及时的技术。当我们的情绪强烈时，只要有意识地控制呼吸，就会起到平衡自主神经系统的作用。

花点时间体会一下，你的呼吸在平静和紧张的时候分别是什么状态：是倒吸冷气（用嘴大力吸气）、大口喘气还是屏住呼吸？是短促还是深长？是快还是慢？是凌乱还是平稳？呼气和吸气哪个时间更长？呼吸时，身体哪些部位会跟着动？练习三次，让孩子分享关于呼吸的不同感受。

静观呼吸而不去刻意改变它，是放松的一条途径。如果孩子关注呼吸的兴趣被激发起来，愿意多花一些时间（比如 10 到 15 分钟），那么父母可以和孩子一起找个舒服的姿势坐下来，可以睁着眼，也可以闭上眼，然后把注意力集中到呼吸上。留意呼吸时气流的进出、鼻孔的变化、胸部和腹部的起伏，等等。

经过努力，我们可以增强对呼吸的觉察能力，并从中受益。有了这种觉察能力，我们既可以随时了解呼吸的当前状态，又可以有目的地去改变呼吸的方式，比如让呼吸变得深一些、慢一些，或者用鼻子吸气、用嘴呼气。当呼吸逐渐摆脱焦虑的控制，我们就可以更好地重置安全系统。

直接控制呼吸则是放松身心的另一条途径。有很多方法可以有趣地控制呼吸，如深呼吸、腹式呼吸、慢呼吸等（见本书支柱二第二节）。

> **练习**
>
> 　　将你的注意力集中在自己的呼吸上，专注于每次吸气和呼气过程。感受到吸气时外界空气进入鼻腔的凉凉的感觉，感受到呼气时肺部气体进入鼻腔暖暖的感觉。从开始到结束，请让注意力紧紧地跟随每次呼吸。请不要试图有意改变呼吸的方式，只需集中注意力去感受它最自然的样子。摒除一切杂念，抛开当下身边的一切，将注意力完全放在鼻腔的感觉上。放下过去，不想未来，让你的意念追随你的每次呼吸与每一次感受。
>
> 　　在这个过程当中，你的意识有可能会出现不同的思绪，或者可能出现身体上的感觉。你可以按照上面的引导接纳它。
>
> 　　重复此训练，直到你至少能从头到尾完全专注于3次完整的吸气、呼气过程。

2. "心—脑"协调训练

当我们通过上面的呼吸练习清空大脑、平静内心之后，还需要有意识地开展心律协调训练，促使心律变化灵活而健康，心脏迅速而协调地加速和减速，达到心律协调。同时，激活大脑的相关区域，促进"心—脑"功能平衡、协调合作。可以参照下面的步骤来进行：

> **练习**
>
> 　　第一步，准备。
>
> 　　选择一个合适的时间和一个安静、安全的地方，用你喜欢的姿势，放松……闭上你的眼睛，嘴巴放松。

第二步，开始训练。

将注意力集中在呼吸上，做三次慢呼吸。你感觉到大脑已经放松（关键是要让思想在脑海中自由驰骋），胸腔内轻松自如，呼吸也慢慢地稳定……现在，请将注意力集中在心脏部位 10~15 秒（为了达到最理想的心律协调状态）。

想象你正在通过心脏呼吸。继续缓慢地深呼吸（但是不要用力），想象并去感觉每一次呼吸的气体通过心脏……想象吸进的氧气滋养着你的心脏……呼气排出了你身体不需要的东西……你的身体充盈在空气中，你的心绪慢慢平静下来，胸腔中有一种暖暖的感觉……你感觉很舒服。

第三步，积极意象（为心脏赋予积极的力量）。

想象任意一种有爱的场景，或带有正面情绪的经历，或令人欢愉的场景等。请你把注意力集中在这个场景中，慢慢地去感受它……嘴角自然地浮现一丝温和的微笑，就好像胸腔中的愉悦蔓延至唇边，你感受到胸腔中洋溢着愉悦、温暖。

在这个过程当中，我们一边将注意力集中在心脏上，一边回忆过去的美好，运用此方法进行越多的练习，就越容易达到心律协调状态。促进心律协调会影响情感脑，能稳定交感神经系统和副交感神经系统功能，由此我们也就掌控了我们的内环境，使身体内部进入稳定的平衡状态，控制我们的生理机能。这也有助于减缓压力，降低焦虑等消极情绪对心脑系统和免疫系统的影响，确保身心健康。

3. 有节律的运动

适当的体育锻炼有助于心肺功能提高，促进循环系统和呼吸系统功能的积极改善。按照一定的规律或周期进行体育锻炼，既可以给心脏提供充足时间恢复到平衡状态，也可以建立个体在这个领域的生物钟，形成生物节律，维护运动系统相关的内稳态。这种运动刺激反应恢复的过程，正是使"心—脑"协调更有效，提高应对更严重刺激能力的理想途径。适当逐渐提高运动强度来打破原来的平衡，随着逐渐适应的过程，"心—脑"协调的适应能力也会提高。

在日常生活中，父母（老师）要有规律地让孩子动起来。如游戏、课间活动、体育运动等，都是可以采取的形式。

（二）遵循生物钟

生物钟是生物体内的一种无形的"时钟"，体现了生命活动的内在节律性。遵循生物钟是维持内稳态的关键因素。按照人的心理、智力和体力活动的生物节律来安排作息制度，能提高工作效率和学习成绩，减轻疲劳，预防疾病，防止意外事故的发生。

人体的生物规律与自然的规律有着内在联系，自然的昼夜节律调控着个体的"睡眠—觉醒"周期，按这个周期作息可以确保睡眠稳态。

研究发现，人的情绪好坏不仅受睡眠时间长短的影响，而且与是否按生物规律安排入睡和起床时间有很大关系。我们应帮助孩子养成良好的作息，可参考下面的一些建议：

1. 每天晚上在固定时间（最好是21点之前）上床睡觉；
2. 应有一个与年龄相适应的午睡时间表；
3. 建立一套定时、有序的健康就寝流程（包括洗澡、刷牙、讲睡前故事等）；
4. 卧室应该是睡眠友好型的（温度适宜、避光、安静）；
5. 鼓励孩子独立入睡；
6. 避免睡前或夜间的强光，并在早上增加光线暴露；
7. 在睡前避免暴饮暴食和剧烈运动；
8. 电子产品（电视、电脑、手机等）都放在孩子卧室外，并限制睡前使用；

9. 避免咖啡因摄入（可乐、咖啡、茶、奶茶、巧克力）；

10. 建立规律的日常作息时间，包括用餐时间。

三、完全接纳

面对消极事件及其所带来的情绪，采取抵抗、压抑、否认以及回避的应对方式，犹如在消极事件造成的情绪痛苦上撒盐，让痛苦越发严重，导致更多的痛苦。唯有完全接纳，才是积极的应对方式。

完全接纳，意味着个体完全接受已经发生的客观现实，让过去的痛苦成为过去，积极面对和应对已经发生的事情。[①] 完全接纳能够让父母镇定地面对孩子的扭曲行为。同时，引导孩子完全接纳自我，可以让孩子静下来自我觉察和反思，缓解焦虑情绪对其身心的影响，自我调整扭曲行为。面对焦虑，完全接纳是双赢的方法——既可以帮助自己，还可以帮助孩子。

（一）父母的完全接纳

成长中的孩子尚不能很好地用准确的语言表达自己的内心，往往通过行为来表达自己的需要。当孩子秉持一个错误的目的时，就会出现一些扭曲行为[②]。如果父母不了解孩子内心的真实需求，孩子依然会重蹈覆辙。完全接纳有助于父母更有效地陪伴孩子，满足孩子的真实需要。

父母的完全接纳可以通过接纳自己和接纳孩子两条途径来实现。

1. 接纳自己

接纳自己，意味着完全地接纳自己的情绪、想法和行为。

[①] 张春：《孩子健康成长的影响力》，四川大学出版社，2024年版，第73页。
[②] 扭曲行为掩盖了真实情感需求，用不准确或偏激的行为方式以求获得关注和爱，满足自己的需要，是扭曲认知和扭曲情绪的外在表现形式。

接纳情绪。面对孩子的挑战行为（如阻抗父母的要求或规则、不去上学等），要看见当下自己的情绪或感受，接纳它，知道它来了，是什么，在哪里。当你的身心能够准确地觉察和体验到这些具体情绪和感受，清晰地看到这些情绪或感受的时候，你就会开始理解这些情绪和感受在告诉你什么。可以用深呼吸的方式去安抚它，调控它，使你稳定下来，这样就不会被孩子的情绪带动。

当察觉到某些消极情绪时，无论你的感受如何，请试着完全接纳这种状态，感受它，而不是抵抗它。提醒自己：无法改变已经发生的事情，完全接纳这种情绪和感觉，一切都会好起来的。

接纳想法。稳定当下情绪后，看见引发焦虑情绪的念头，如"孩子不去上学会耽误学业""孩子不去上学会影响我上班""孩子不去上学真是很糟糕的事情""这孩子这样胡闹，真是一个难搞的孩子""为什么我的孩子会是一个难搞的孩子""为什么这样的事情偏偏会落在我的身上"等。被这些想法困扰，就会影响情绪和正确的行为方式。这些想法里隐藏着的"应该""必须""我不""他该"等绝对化认知，会使自己进入非黑即白的思维模式，导致泛化的消极认知和消极情绪的困扰，出现更多的扭曲行为。当我们看见这些情绪化的想法时，接纳它，就可以从这些混乱的想法中抽离出来，重新看待事情和自己。当我们对自己的想法有了更深的看见与理解，也多了一份平静下来的可能，就不会让自己乱了分寸，可以重新组织自己的思维。

接纳行为。接纳自己的行为意味着我们不必自责。发生亲子冲突时，父母往往会自责，认为可能是自己的教养方式不正确，或自己的态度太恶劣等。如果我们看见了自己的不当行为，并接纳这些已经出现的行为，觉醒的意识就会引导我们改变自我，调控不当的情绪和行为，及时与孩子联结。接纳自己的扭曲行为，把自己的扭曲行为当成成长的信号，理性地反思自己的不当之处以及改进方法，能够促使亲子关系发生正向改变。

2. 接纳孩子

父母应"辅助"而不是"替代"孩子成长，父母对孩子的完全接纳能让孩子感受到无条件的爱。

真正的接纳是父母和孩子彼此都感受到舒服，其本质是真爱的流动，将个人价值和行为表现相分离。不因孩子行为的表现不好而将孩子视为一个不好的人、无价值的人，而是无条件地接纳孩子这个人，这个生命体因存在而有价值。

接纳情绪。首先要接纳孩子的情绪反应并共情[①]。

积极关注。静静地陪伴孩子，关注着他，可以伴随恰当的肢体动作，等待孩子慢慢地安静下来，而不是漠视、讥讽与厌恶。

感受孩子的感受。冷静而理性地探究孩子所表现出来的情绪和情绪背后的真实需要。站在孩子的角度思考问题，理解他的经历、感受和需求，而不是仅仅根据自己的观点来判断。

接纳想法。孩子情绪稳定后，带着好奇的心态去了解其真实的想法，帮助孩子启动思维脑，积极配合父母的沟通。接纳孩子的想法，意味着孩子无论说出怎样的想法，都不去评判，只是接纳它。如果孩子因为语言能力有限，不太会表达自己的想法，父母应积极提问，引导孩子说出来。

接纳行为。父母应建立"孩子的扭曲行为并不是其真正的行为问题，而是内心的需要未被满足的行为表达"的信念。我们要及时制止不合理的伤害性行为，同时理解孩子的行为，看到行为背后的情绪和想法。当孩子的行为得到理解，情绪和想法被看见和接纳，孩子内在的积极心理力量就会被激发，从而缓解焦虑情绪，与父母一起调整、改变其扭曲行为，一起探究深层次心理需求的满足路径。

（二）孩子的完全接纳

父母应引导孩子接纳自己的情绪——接纳自己的真实情感和躯体反应。

完全接纳的主要步骤包括回忆、陈述、倾听。

[①] 详见《孩子健康成长的影响力》第六章、第七章。

1. 回忆

可以寻找一个安静的地方，父母陪伴并引导孩子静静地回忆引起消极情绪的事件，再试着回忆造成消极事件的所有客观因素，尽量不要主观评判自己或责怪当时的情境。

2. 陈述

（1）让孩子详细描述自己所经历的事件的发展过程。什么时间、什么地方、发生了什么事情，将问题具体化。可以温和地说："我想知道，发生了什么？"引导孩子讲述引起情绪的事件。

（2）让孩子陈述所发生的事情对他有什么影响。可以这样问："我想知道你感受到了什么？"

（3）让孩子评估这些问题对他的影响。哪些是好的影响？哪些是不好的影响？哪些是不好不坏的影响？

（4）询问孩子，为什么是好的影响？为什么是不好的影响？

陈述的重点是发生的事实，无需主观评判是好还是坏。这并不是要否认当时经历过或现在正在经历的痛苦，只是要找到一种方式促使孩子从某个特定事件开始朝前走，向前看，这样才可能将自己从创伤和负面情绪中解放。

陈述的过程就是接纳的过程。在这个过程当中，父母助推孩子宣泄内在的情绪，整理自己的思维，辨识自己的认知，清楚自己的需要和困扰，父母也明白了孩子真正在乎什么。明白了导致这个事件的原因，我们就可以引导孩子，寻找解决问题的方法和路径。

3. 倾听

焦虑的孩子迫切需要重要他人的支持资源——用心倾听。希望他人关注他：你怎么了？你感觉怎么样？你是怎么想的？你想怎么做？

促进真实、完整陈述的力量是重要他人的倾听。只有在确认父母真心倾听的情况下，孩子才愿意袒露内心。当孩子极度紧张时，对他最有帮助的办法就是倾听。

父母在倾听孩子讲述时，要做到尽量不去主观评判当时的情境或责怪孩子，而应去关注孩子是否对当下的事件和原因进行了评判，关注陈述事件所反映的深层次心理与情感；更要发现孩子自我疗愈的新奇点，给予充分肯定和鼓励。父母应帮助孩子接纳自己的真实情感和情绪，表达对孩子真实情感和情绪的真诚接纳与共情。

父母如果发现孩子难以接纳消极事件情境，觉得自己是个失败者或无能者，就要和善而坚定地提醒孩子注意：这些不是事实，而是自己的主观判断。判断孩子是否有还未表达的隐藏的情绪，为后来进行深入的探究和交流做好准备。

四、增强自我分化能力

焦虑的人，总是生活在过去，对过去引发自己消极情绪的事情耿耿于怀，用过去的经历和信念去预设未来。这些过去的认知信念对消极情绪会起到火上浇油的作用，把过去的危险带到未来，总是为未来担忧，使自己生活在未来的不确定性当中，这种"活在过去和未来"的焦虑感，通常以"万一……"的形式表达出来。

对于处在这种状态的孩子，每一句劝慰都会引来新的"万一……"，根本原因是他们每一个"万一……"的背后，几乎都存在相关的错误信念。我们唯有和善而坚定地创建一个安全的大本营，才能帮助孩子逐渐发展出新的、更富有安全感的积极信念。

（一）调整焦虑思维

增强自我分化能力，必须要挑战自我的焦虑思维。消除"万一"心理和其他焦虑思维的根本对策，就是揪出这些想法中不合理的地方，进而挑战它们，最终踏踏实实地生活在"此时"和"此地"的现实世界中，而不是充满担心的想象里。

1. 质疑非理性认知

挑战焦虑思维绝对不等于争辩。因为争辩缺乏接纳和共情，会让焦虑者更加警觉，感受到新的威胁，从而激发心理防御本能——阻抗。父母要从尊重孩子的人格出发，将他们视为有思想的个体，鼓励他们消除过度的心理防御，努力引导他们自己提出质疑，认识自己，正视自己的问题，回归现实，而不是一味灌输成人的想法。孩子内心自发产生的质疑，比外部强加的质疑更有效，更能促进问题的解决。

质疑的重点是让孩子持续地审视自己此时的行为、情感反应以及已经意识到的事情。这样可以启动孩子的思维脑，激活更多的大脑路径，鼓励他们辨别言语和非言语表达之间、现实和想象之间的差异。同时，我们要鼓励孩子努力检查狭隘的非理性信念，以促使他们改变，培养理性的信念。在真诚、理解和关怀的基础上，我们要引导孩子寻找事实和可控的行为。

调控焦虑思维最直接的方法是引导孩子自己觉察当下的事实。不要将你自己的观点强加给孩子，因为这样只会引发反感和抗拒。当你静静地陪伴着孩子，感受到他的恐惧有所缓解，就提醒孩子思考一下，头脑中的担忧是否与现实相符，然后对他说："我们来看看你的想法和眼前的情况有什么不同。"

如果孩子坚持认为自己的担忧是有道理的，继续表现出恐惧，你可以这样提问："那是真的吗？你确定那是真的吗？"

你可能不同意孩子的观点，但不要与孩子争辩，而是要提醒孩子再次思考。这个时候孩子需要你的接纳和共情的陪伴——你在他身边就是非常有效的干预。

或者问孩子："假如你相信那个念头，那你的感觉会怎样？""没有那个念头时又会怎样？"我们确实很难证明大部分想法的对错，但这样做至少可以使自己的感受更好些。

查看现实，可以帮助孩子把注意力放在"此时"和"此地"，而不是想象中充满"万一"的危险世界。

高三学生小龙，经常毫无缘由地感觉身体不舒服，有时是肚子痛，有时是头晕，去医院检查，却又查不出任何生理性问题。心理咨询师分析，这种症状可能是紧张、焦虑情绪的躯体反应。小龙的深层次心理是希望通过待在家里养病而逃避现实——考试或冲突。

小龙爸爸在心理咨询师的指导下，首先让小龙完整陈述每一次出现这种症状时在学校所有的经历。小龙爸爸首先利用接纳、共情技术，希望让小龙意识到这是紧张、焦虑情绪所致。但是，小龙坚持身体的确不舒服，与焦虑无关。

小龙爸爸又利用质疑技术与他交流，尊重而温和地问："真的是这样吗？难道不是紧张、焦虑的念头在作祟吗？"

待小龙思考后，爸爸又和善地问："你身体不舒服和你要参加考试纯粹是巧合吗？与考试没有任何关系吗？"

通过反思，并且辅以放松训练，小龙认可了自己的紧张情绪导致了躯体化反应的事实。

2. 改变不合理认知

对于焦虑的孩子来说，审视非理性是较为困难的，焦虑背后的信念隐藏得很深，难以觉察。只有经过耐心倾听和探究，才可能获知。父母应保持真诚、倾听的态度，采用开放式问话等咨询技术，让孩子慢慢打开心扉，逐步深入探究。

仍以小龙的故事为例：

爸爸保持温和语气，问道："如果考试失误，会有什么问题出现？"

……

最后，探寻到引发小龙焦虑的不合理认知：辉煌人生取决于每一次考试的优异成绩。

爸爸引导小龙查看这个认知是否完全可以引导自己实现"辉煌人

生",这对小龙起到了至关重要的调控作用。在此之前,他总责怪自己说:"真不知道我自己是怎么了!这点鸡毛蒜皮的小事,有什么好紧张的呀!"可是,这种自责完全无助于缓解紧张情绪。在意识到内心深处的不合理认知后,小龙终于明白:"原来我这么紧张,是因为这个啊。"

接下来,咨询师和小龙爸爸助力小龙构建积极的人生信念:成功人生,不会因为一次考试失败而无法实现。"辉煌人生"需要科学的生涯规划,即构建积极的人生目标、学习目标,坚持不懈,用乐观的心态认真对待当下和未来。

小龙开始主动挑战自己的不合理认知,积极面对和调控人际冲突、作业中的难题、考试的焦虑等。坚持冥想、体育运动和有规律的作息时间……慢慢地将身体的不良感受调整到正常状态。这样小龙不仅调控了焦虑情绪,还掌握了辨识紧张情绪与身体病痛的方法。

研究发现,孩子的焦虑情绪与成长过程中所形成的不合理认知密切相关,我们需要助力孩子改变不合理认知,理性地看待自己。我们应帮助孩子树立三个核心信念:"我是安全的""我是强大的""我是有价值的"。

情绪认知 ABC 理论是一种认知行为疗法中常用的工具,可以帮助孩子认识和管理焦虑情绪。下面是具体步骤:

(1)认识情绪。帮助孩子认识焦虑情绪,并理解它是一种自然的情绪反应,让孩子明白焦虑情绪是身体和大脑对某种威胁或压力的反应,而不是一种坏事。

(2)寻找触发因素。帮助孩子识别导致焦虑情绪的具体触发因素。这些触发因素可能是某个具体的事件、情境或者想法。鼓励孩子将这些触发因素写下来或口头表达出来。

(3)ABC 分析。使用 ABC 模型来分析焦虑情绪。

A(激活事件):帮助孩子识别导致焦虑情绪的具体事件或情境。

B(信念):帮助孩子认识与这些事件或情境相关的信念或思维模式。

这些信念可能是消极的、不合理的或过度的,导致了焦虑情绪的产生。

C(情绪和行为后果):帮助孩子理解这些信念或思维模式对他们的情绪和行为产生的影响。

(4)挑战不合理的信念。与孩子一起检查他们的信念,并帮助他们挑战那些不合理或过度的信念。鼓励他们思考证据,找出支持或反驳这些信念的事实。

(5)培养替代性思维。帮助孩子培养替代性思维,以取代不合理或过度的思维模式。鼓励他们寻找积极的、更有益的思考方式,以减轻焦虑情绪。例如,鼓励孩子关注积极的方面、制订解决问题的计划或者采用放松技巧。

(6)实践和巩固。鼓励孩子在日常生活中实践这些技巧。提醒他们,这些技巧需要多次练习才能产生效果。同时,给予他们积极的反馈和支持,以增强他们的信心和动力。

(二)提升专念能力

专念即专心的状态。

提升专念能力,可以帮助孩子调控焦虑情绪,不被创伤情绪和行为掌控,开放而积极地接纳、关怀自己和他人。

专念于呼吸和静坐的冥想有助于放松和集中意识,下面简单介绍几种练习方法。

1. 冥想练习

建议留出固定的时间和地点来进行冥想练习。

(1)采用放松的身体姿势。在一个安静的环境里,坐在椅子上,双脚平放在地上,双手自然地放在大腿上,或盘腿坐在垫子上,双手放在膝盖上。背挺直。

(2)克制冲动。冥想时一定要保持内心的平静,不能烦躁。冥想的过程当中,如果你有冲动,如想挠痒,感到腿麻或其他身体不适,想活动一下等,先观察自己是否能克制。如果实在是难以控制这些冲动,你可以稍稍调整一下胳膊或腿的位置。

（3）注意呼吸。闭上眼睛，开始缓慢地呼吸。吸气时，在脑海中默念"吸"；呼气时，在脑海中默念"呼"。当你发现自己有点走神的时候，指出它偏向了哪里，再慢慢地将注意力拉回来，专注于"呼""吸"上。

（4）感受呼吸。几分钟后，不再默念"呼""吸"，而是试着将你的注意力集中到呼吸本身上，注意空气从鼻子和嘴巴进入和呼出的感觉。当你发现自己走神了，在想别的事情时，重新将注意力集中到呼吸上。如果你觉得很难重新集中注意力，就在心里多默念几遍"呼"和"吸"。

2. 葡萄干冥想法

（1）吃。先给每个人发一颗葡萄干，让大家慢慢地吃，等待大家吃完。

（2）品。吃完后，再发第二颗。让孩子把葡萄干含在嘴里慢慢品尝，仔细体会它的大小、形状、质感和味道，以及1分钟后和2分钟后这些方面都会发生什么变化。提醒他们关注自己内心的想法：想快点儿嚼它吗？觉得无聊吗？希望一包葡萄干都是自己的吗？

（3）议。吃完第二颗以后，就刚才这个过程展开讨论。讨论这个过程当中自己的感受和体会，以及如何通过放慢节奏和加强关注来应对平时的困扰。这样可以引导孩子明白只要专注于当前的身体感受，就能够让自己暂时摆脱那些焦虑的念头，得到一定程度的放松。

3. 专念身体

首先开始至少3次深呼吸，最多不要超过5分钟。

然后将你的注意力从呼吸慢慢扩展至你的整个身体。随着每次呼吸的起伏，你能感觉到仿佛自己的所有感官都从身体中抽离出来，轻飘飘地浮在身体上方，而你的注意力正敏锐地观察着这一切。接下来，逐步"扫描"你的整个身体，记下所有你发觉到的感官知觉。如果你没有发现自己身体中存在任何形式的不适感，这说明你感到完全的舒适和放开。

有时，你可能会发现自己迷失于思维之中，无需担心，只要你注意到你曾迷失于思维之中，简单记录"迷失于思维"，然后把注意力转向专念身体的练习即可。

4. 留意

找一个放松的位置坐下，将自己调整至舒服的姿势，你可以微睁双眼或闭上双眼，让自己感觉最为放松。保持这种状态10~20分钟。

保持舒适、闭目，只是简单地留意闪现于觉察之中的思维、情感、气味、声响及其他的躯体感觉，例如"吸气""孩子玩耍的声音""左脚发痒""想知道聚会穿什么""不安全感""兴奋""飞机飞过头顶"等。只要你对一份新体验有了觉察，就对这份体验在心里轻轻地做一个记录。然后让注意徜徉于新的体验。

专念之所以为专念，有四个基本的部分：

一是觉察当下。包括感受现在的身体感受、呼吸，或者是周边的环境等。

二是分心。在冥想过程中，大脑里面会出现不同的念头。

三是注意到分心或是我们的反应。

四是轻轻地把注意力带回当下。

总体而言，以友好、非评判性的方式对自己此时此刻的思维、情绪和感觉，有意识地加以关注，就是专念冥想的本质。

坚持这样的专念冥想练习，不仅能够增强大脑神经元的联结和整合，持续提升认知能力，还能够帮助个体对自己和他人产生更多的爱。在孩子很小的时候就可以开始引导孩子练习专念冥想，增强孩子的自我觉察、自我关怀能力。

支柱四：建立心理资源

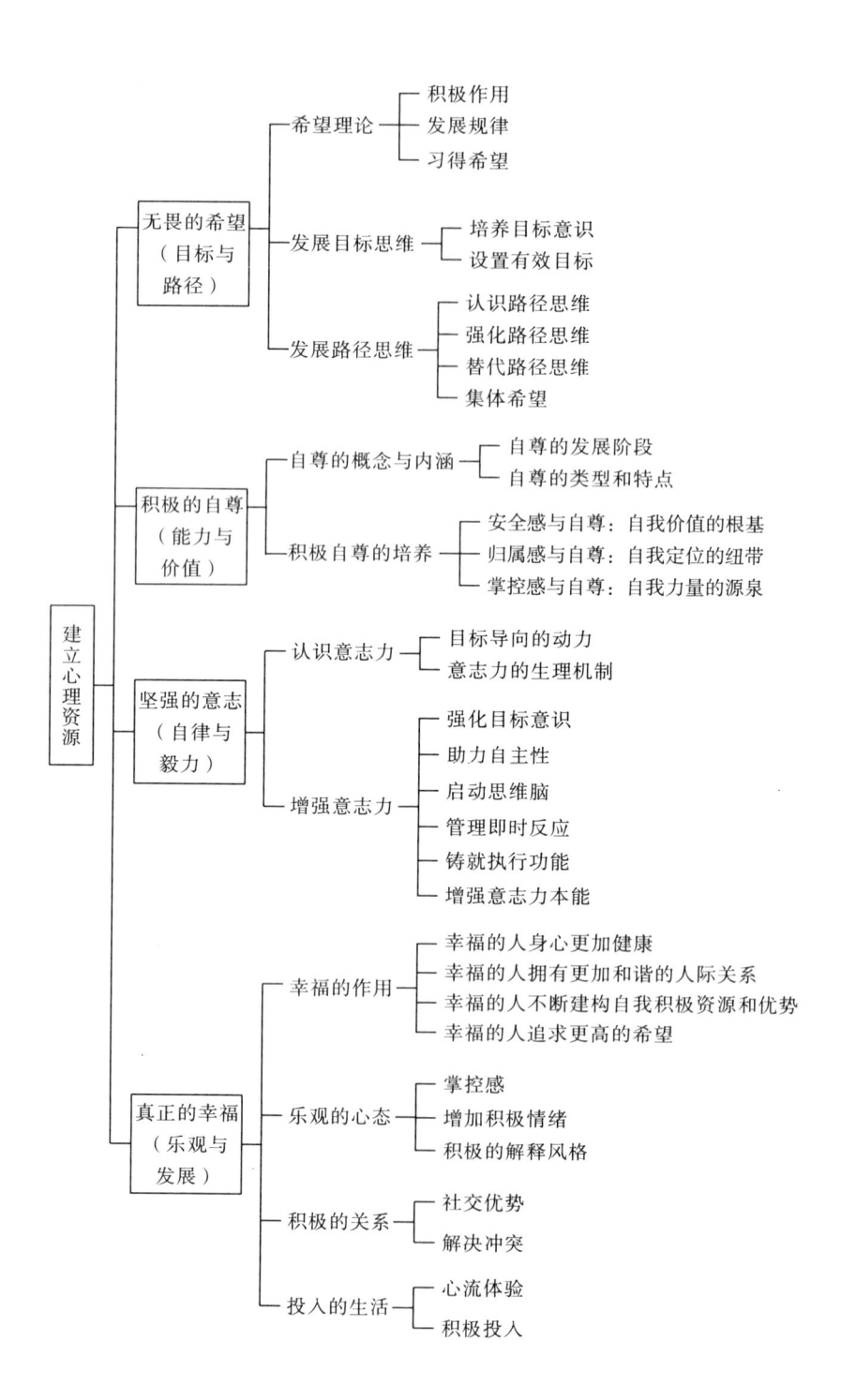

```
                                          ┌─ 积极作用
                          ┌─ 希望理论 ─────┤─ 发展规律
                          │                └─ 习得希望
              无畏的希望   │                ┌─ 培养目标意识
              （目标与  ──┼─ 发展目标思维 ──┤
                路径）    │                └─ 设置有效目标
                          │                ┌─ 认识路径思维
                          │                ├─ 强化路径思维
                          └─ 发展路径思维 ──┤─ 替代路径思维
                                           └─ 集体希望

                                              ┌─ 自尊的发展阶段
                          ┌─ 自尊的概念与内涵 ─┤
              积极的自尊  │                   └─ 自尊的类型和特点
              （能力与 ───┤                   ┌─ 安全感与自尊：自我价值的根基
                价值）    │                   ├─ 归属感与自尊：自我定位的纽带
                          └─ 积极自尊的培养 ──┤
                                              └─ 掌控感与自尊：自我力量的源泉

                                        ┌─ 目标导向的动力
                          ┌─ 认识意志力 ┤
  建立                    │             └─ 意志力的生理机制
  心理          坚强的意志 │             ┌─ 强化目标意识
  资源 ────────（自律与 ──┤             ├─ 助力自主性
                毅力）    │             ├─ 启动思维脑
                          └─ 增强意志力 ┤─ 管理即时反应
                                        ├─ 铸就执行功能
                                        └─ 增强意志力本能

                                       ┌─ 幸福的人身心更加健康
                          ┌─ 幸福的作用┤─ 幸福的人拥有更加和谐的人际关系
                          │            ├─ 幸福的人不断建构自我积极资源和优势
                          │            └─ 幸福的人追求更高的希望
              真正的幸福  │            ┌─ 掌控感
              （乐观与  ──┼─ 乐观的心态┤─ 增加积极情绪
                发展）    │            └─ 积极的解释风格
                          │            ┌─ 社交优势
                          ├─ 积极的关系┤
                          │            └─ 解决冲突
                          │            ┌─ 心流体验
                          └─ 投入的生活┤
                                       └─ 积极投入
```

结合心理资本模型的要素，建立积极心理资源可以通过希望整合的方式来实现（如图 4－1 所示）。

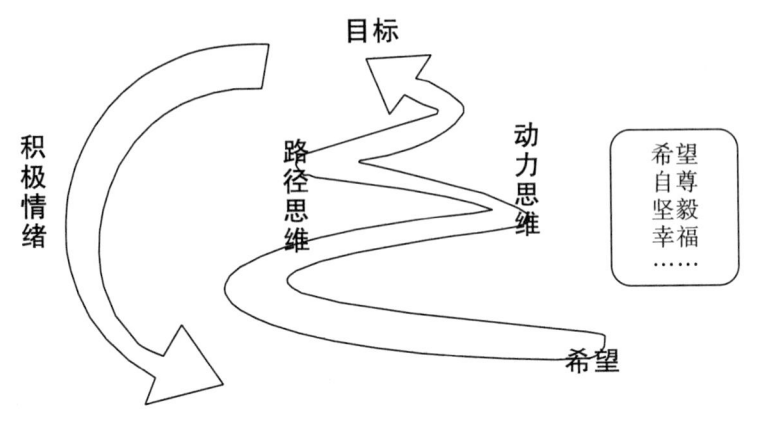

图 4－1　希望螺旋上升模型

希望为首要积极心理优势，具有整合达成目标所需要的各种资源的功能，具有强大的积极预期和驱动作用，包含了以下三个要素。

积极目标。这是希望的核心部分，它既是希望的方向，又是希望的终点，在个体希望的产生过程中起着极为重要的作用。目标主要有两种：趋向目标和阻碍目标。趋向目标是以个体想要获得的某个结果为目标，个体会积极地想要接近它；阻碍目标是个体以阻碍或延迟其不想要的某个结果为目标，个体会因其消极而想逃避。目标可长期可短期，可大可小，目标设置的适宜程度决定着希望水平的高低，如果目标过高或过低，人们就可能不会付诸努力去实现它，也就不会出现希望。

路径思维。对于高希望水平的个体来说，一旦目标产生，就会自觉地在头脑中设计出指向目标进而实现目标的计划和方法，并在个人的现在和未来之间建立连接的路径。而且，在实现目标的过程中，如果原有路径被阻止，与低希望水平的个体相比，高希望水平的个体能更好地设计出指向目标的替代路径。

动力思维。这是推动个体产生目标，并沿着他所设计的实现目标的路径前进的动力系统。这个系统不仅会决定个体的目标产生、路径设计和计划过程，同时也是个体在这一过程中能坚持下去的精神动力。

上述三者之间存在着紧密联系。当个体对某一件事或目标抱有"希望"时，不会被动地去等待愿望的自动实现，而是会以主动的态度去追求目标，激发意志力和自我效能感，并运用策略与方法来达成目标。但如果个人的动力不足，又不能灵活运用其他方法与策略来改善现状时，对所要追求的目标或事物的希望就会降低。

动力思维和路径思维都受个体自我系统的调控。自我价值观会促使个人对想要达成的目标产生不同的策略、方法，并影响到个体对于达成目标的决心和干劲，进而促使个体采取不同的外显行为去实现目标。这种对预定目标实现的最后结果，会作为个体的学习成长经验，影响个体的自我价值观的变化与发展。新的自我价值观又对下一个目标及其实现的路径和动力系统进行调控，由此形成一个循环模式。

当个体具有多种达成目标的方法，同时对该目标具有高度的决心与干劲时，这一个体就具有高度的希望感；反之，希望感则较低。如果个体对于各项目标都保持高度的希望感并勇于挑战，就会时时感到光明和希望，能够积极面对并达成目标；反之，则自我效能感不足，看不到希望，从而产生逃避与退缩的情况。

简单地说，希望优势就是开发和激活个体能力和动力的基石。通过建立积极的关系、设定明确的目标、培养积极的情绪、全身心地投入有意义的活动中并不断取得成就，可以建立积极心理资源。这些要素相互作用，相互促进，形成一个良性循环：越努力，越幸福；越幸福，越努力。这种积极心理资源的建立将有助于个体成功达成目标、获得幸福感，从而维持长期的心理健康。

第一节　无畏的希望（目标与路径）

希望是首要的心理资本元素。充满希望的个体，对未来具有积极的期待——相信未来会更好。

一、希望理论

积极心理学中的"希望理论"是斯奈德及其同事提出的，这一理论认为，希望是一种朝向目标的思想，包含了两个组成部分：动力和路径。斯奈德将希望定义为目标导向思维，同时人们还会用到路径思维（有能力发现达成合意目标的途径）和动力思维（使用这些途径的必要动机）。希望的形成包含以下几个要素：第一，清晰的积极目标。这个目标是个体所追求的有价值、有意义、有挑战性、能使自己越来越好的目标。第二，积极路径。个体有能力寻找到达成积极目标的策略和计划，即便遇到挫折，依然能够围绕问题创造性地规划替代路径，继续追求自己的积极目标。第三，实现目标的决心，即意志力。个体在使用这些路径策略时必须有强大的内驱力，比如自律以及毅力，这是希望的动力思维，与路径思维相伴而生，与希望的目标导向思维相互影响（如图4－2所示）。

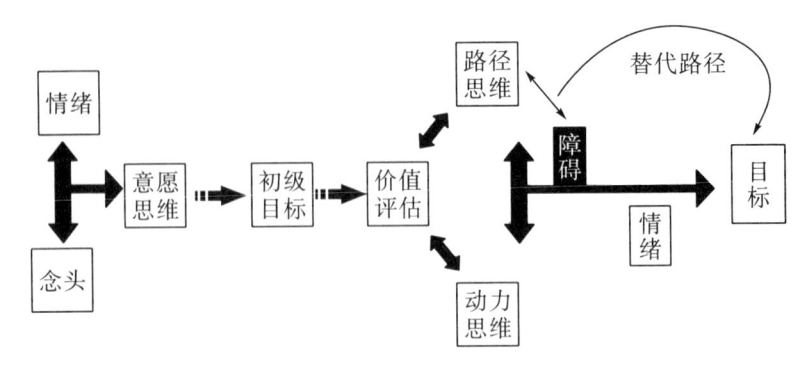

图 4-2 希望的过程

希望是人类积极心理特质的重要成分，是对未来的一种积极体验，也是日常生活中最为常见、运用最多的心理学概念，它好似生活必需品一样不可或缺。所有的人都希望自己能够生活在积极希望当中，任何一个智力正常的孩子都可以成为一个充满希望的人。

希望从个体的意愿出发，经由大脑的意义评估系统预测未来目标和实施路径，通过动力思维，即意志力维持系统，使得个体能够锚定现实而又具有挑战性的希望目标。希望，这种基于内在自我实现的积极动力，为了达到所渴望的目标而建立的自我内在评估机制，将不断评估内外条件，寻找各种可行的积极方法，并且也能促使个体在受阻的情况下，找到替代的路径来实现所期望的目标。个体在这个过程中伴随着积极情绪和心流体验积极行动，以追求目标的实现。

希望是个体最突出的积极心理资源的首要成分，也是最基础的品格优势。我们应以投资和培育希望资源为导向，优先实施积极教育，构建成长中的孩子的积极心理资源，铸就孩子积极成长的"内在的英雄"——心理资本。

（一）积极作用

希望作为个体心理资本的首要特征优势，是一种内在积极的心理力量，具有引导和促进个体积极发展的作用。

我们认为，希望是这样一种思维方法：拥有积极的目标，认为自己能够找到达成目标的路径，并拥有强烈的动机去使用这些路径达到目标。

希望是指向未来目标的认知和情感，具有决定孩子的生活、学习行为的作用。高希望水平的孩子，渴望实现相对远大的、有积极意义和价值的愿望。"相信未来会比现在更好，同时相信自己有一定的力量去实现"的信念，促使个体付诸行动。

希望是一种鼓舞人心的力量，有助于促进个体建构持久的个人资源，更好地成长与发展。我们可以通过自己的努力来获得希望，投入希望，激发希望优势的积极力量。有希望，就有积极的力量。

希望是一种强大的社会适应力。心理学研究表明，拥有强大的希望优势的个体，会表现出更强的社会适应性，在身体健康、心理健康、人际关系等多个方面都有较好的发展。这些人即使在逆境中也能较快地适应，会试着把大问题分解成一个个能够解决的明确的小问题。

缺乏希望优势的人，很多时候会着眼于障碍，缺乏整合思维的特性，情绪按一个相对可预测的消极模式变化：从希望到愤怒，从愤怒到失望，从失望到绝望。拥有希望的孩子，无论感到如何沮丧或者受伤，那道希望之光，都会给他的心理世界带来力量，使他保持正确的心智和前进的动力。教育，就是要为孩子埋下希望的种子。

积极心理学将希望理论应用于教育，在日常生活和学习中，关注孩子的积极动机和积极行为，拓展孩子的优势，激发孩子的潜能，培养孩子的积极心理品质，促进孩子心理健康。

（二）发展规律

孩子出生后，在环境的影响下，按照一定的规律，可以逐步形成希望优势。希望不靠基因遗传，而完全是一种习得的、关于目标导向思维的认知集合。希望思维的萌芽在 2 岁前已经出现，与照顾者之间建立安全依恋关系是形成希望优势的关键。

希望的路径思维大约在孩子 1 岁时开始出现，是儿童观察他人的行为并进行学习的结果。3 月龄前的孩子能够慢慢学会用眼光追随物体；3 到

12月龄时，当物体从视线中消失后，他们不会马上移开目光，而是盯着物体消失的地方看，搜索消失的物体，这表明他们已经具有目标意识和动力思维。动力思维的出现，反映了孩子已经开始出现"生存都得依赖环境"的认识。

20个月时，当孩子全神贯注地玩玩具时，如果把他最喜欢的玩具用一个遮挡物遮住，他会去掀开遮挡物寻找这个玩具，并显得特别兴奋。这就是与希望相关的重要技能——克服障碍的路径思维的产生。孩子认识到克服障碍的路径，可以由自己规划出来，并沿着它行动——用手排除障碍。计划如何克服障碍并积极实施计划的过程，对希望的形成非常重要。心理学家把这个克服障碍的过程称为心理免疫过程，把这个过程的结果叫作韧性（毅力）。

2岁时，孩子可以发起目标导向行为，沿着路径实现目标，同时开始形成人的意识——对客观事物的认识和实践。

3到6岁的孩子，各种兴趣行为习惯、身体精细复杂技能、思维能力等迅速发展，这些均有利于孩子更好地规划克服障碍的路径并将规划付诸行动。学前末期，共情能力开始发展，孩子开始意识到，自己对重要目标的追求有时会帮助、有时会妨碍他人追求重要目标，目标的实现需要他人的帮助和支持。

童年中期和青春前期，孩子的非直觉思维能力（逻辑思维）、记忆力、阅读能力和社交观点采择能力迅速发展。由于这些能力的发展，孩子可以综合考虑更多人（父母、兄弟姐妹、同伴、老师等）的愿望，为实现目标做出更精细复杂的计划并付诸实施。

在青春期，孩子的抽象推理能力不断增强。这有利于处理一些复杂问题，比如渐渐从父母那里独立出来、形成排外的亲密关系、做出职业生涯发展规划等。在解决这些复杂问题的过程中，青少年可以练习如何在困难面前充满希望地计划出实现目标的路径，以及即使遭遇重重挫折也充满希望地把计划付诸实施。孩子各个阶段的希望思维依据身心发展特点形成发展规律，家长以及老师需要掌握并理解孩子的希望思维发展规律，更好地进行教育。

5岁的男孩小郝告诉爸爸，他的梦想是未来开拓一片荒山，与家人一起去养鸵鸟。

爸爸非常激动地肯定了儿子的希望目标，并以此为契机，根据以下几个问题，与儿子有序开展实现这个目标的规划，培养儿子的希望品质。

- 开拓这一片荒山养鸵鸟，有什么好处？
- 你想象的荒山是怎样的？怎样才能够得到？
- 开拓这片荒山需要做一些什么？需要什么样的人来帮助你？
- 如果你养的鸵鸟越来越多了，这片荒山会成为什么样？我们会再做一些什么样的事情？

……

在历时一年的讨论中，爸爸有意识地引导小郝充分发挥自己的想象力，逐步探索这个目标的意义和达成这个目标的路径，以及达成这个目标所带来的更大的目标和发展性。小郝既充分发挥了对此事件的想象力，淋漓尽致地阐述了自己的观点，同时也学会区分自己与爸爸的观点，对爸爸的观点做出准确推断和整合，促进了推断能力和整合思维能力的发展。小郝在这个过程当中也考虑到了与同学、他人的合作，征求他人的意见——在自己的计划中也考虑到别人的愿望和想法。

这段经历，在已经是初中二年级学生的小郝大脑中留下了深刻的印记。他一直坚守着这个梦想，努力学习，积极向上。

（三）习得希望

在智力水平大体相当的情况下，希望对孩子的学业成绩起着关键作用。希望优势的形成，与个体预设和达成美好期望的积极认知、优势能力整合开发息息相关。

希望优势具有年龄差异。在孩子成长的早期，希望往往具有积极的特性，尽管这时的希望经常脱离现实。然而，随着年龄的增长，一些孩子内在的希望——充满激情所期待的目标却越来越少，严重时对人生毫无希望——这是由后天的不当教育和个体的偏差认知导致的。所以，后天的生存环境和教育是孩子习得希望的重要因素。

人最不能缺失的是希望，不论面临怎样的境况，只要充满希望，就会变得无所畏惧，积极成长。

1. 营造希望环境

充满希望的环境影响孩子希望品质的形成。儿童期如果发生创伤性事件，如与父母的依恋关系被破坏、家庭结构被破坏等，孩子的希望水平就会降低，严重时会失望，甚至感到绝望。每一个年龄段都是培养希望的关键时期，要注重营造让孩子充满希望的环境。

父母首先应建立自己教养孩子的人生哲学，以"让每一个孩子成为最好的自己"的理念和发展目标为指南，开展对孩子动力思维和路径思维的培养，引导、激励和保护孩子的好奇心，同时积极关注孩子的想法，以及其想法的产生、理解和表达。家长要深入关注孩子积极分享的欲望，做孩子情感表达的积极支持者，发现孩子行为背后的积极与成长的新奇点，并予以积极回应；做孩子的重要他人，给予精神引领，助力孩子摆脱困扰和阻碍；保护孩子的希望思维和创造性探索动机，帮助孩子形成乐观看待世界和未来的积极认知。

只有通过这种热切的积极关注，唤起孩子的目标意识，增强孩子的目标信念，保护和强化孩子的掌控感，坚定孩子对未来的积极期待，孩子才能逐渐形成高希望优势。

2. 实施积极教育

积极教育是发现和培养孩子希望优势的最为适宜的教育——尊重孩子的天性，充分挖掘其潜能，给予孩子积极关注和信任，激发和拓展其自我成长的内在力量，为孩子激发、习得和拓展希望奠基。

习得希望，需要孩子心目中的重要他人敏锐发现、评估孩子的希望火花，给予充分肯定和积极引导，与孩子共同探索希望目标。教养者应为孩子注入积极的心理力量，构建积极的支持环境。

实施积极教育，要求我们引导孩子发现自己的天赋和优势。教养者应给孩子搭建更大的平台，为孩子提供更多实践的机会；尊重孩子的选择，助力孩子发现兴趣、拓展天赋；当孩子遇见困境时，鼓励孩子不在最糟糕的时候做出改变，而是坚持不懈，把困境视作挑战，提高孩子的自我认知和希望优势。

我们可以引导孩子了解父母的生活经历，觉察父母真实的情感需求和困扰；引导孩子把父母不恰当的行为和教养方式视作父母的缺点，而不是自身的缺点，感知父母的感受和爱；引导孩子感知父母的信任、关怀和尊重，重塑自我。

3. 榜样示范

教养者的希望水平直接影响孩子希望的习得。孩子能够从环境中感受到他人言行中的希望元素，将感受到的希望情感、行为表现、言语交流等内化为自己的认知和情感，逐步形成希望思维。

父母应心怀希望，具有清晰的发展目标，并且积极开展达成目标的路径规划与行动，为孩子树立榜样。只有身处充满希望的环境氛围，受希望文化的熏陶，孩子才能形成希望优势，建构自我核心优势。

二、发展目标思维

目标是希望理论的核心概念。人们的行为，包括日常生活中的普通活动，都是有一定目标的。这是人们精神活动的支点。

认知发展心理学家皮亚杰指出，儿童在1周岁以后就开始有了目标意识，因此，要从儿童早期开始，发现、鼓励、引导孩子探索。

（一）培养目标意识

目标意识是个体寻找目标的心理倾向。如果孩子总是感觉"很无聊"，则意味着目标意识匮乏。

父母在日常生活中的目标意识状态、思维方式和行为习惯，会给孩子造成潜移默化的影响。在陪伴孩子的过程中，父母应自然地引导孩子注重方向、目标，培养孩子的目标意识。

日常生活中，特别在孩子游戏活动时，父母应有意识地引导孩子寻找和思考目标、方向。可以陪孩子玩一些带有目标感的游戏，比如射箭、打气球、到达终点的比赛（有输赢的比赛）以及专注力训练，如一分钟拍球比赛等。

对于进入学龄期的孩子，父母应有意识地帮助但不替代孩子建立目标。如"早上几点起床""晚上是先做作业还是先画画""期末考试数学准备考多少分""长大后想做什么"等等。家庭讨论也尽量邀请孩子一起参加。

对于孩子表现出来的"梦想""兴趣"，父母要真诚地肯定、鼓励、引导，切忌嘲笑、讽刺、打击。内心自然向往的目标，最容易激发潜能。努力实现能带来成就感、快乐感的目标，能让人免于无聊、空虚、抑郁、无意义感。

孩子任何时候（哪怕是随口而说的）准备开始具有确定目标的活动，父母需要提醒、监督和协助孩子做出朝向目标的行动，比如孩子说"明天要约朋友一起去爬山"，父母就尽可能提醒孩子确定爬山的时间、地点，引导孩子思考应该做的准备工作，甚至陪孩子一起行动。目标实现了，孩子获得成就感，感到快乐，这样能加强孩子的目标意识，孩子以后就会更愿意去制定目标。

目标意识是一个孩子变得优秀的基本心理品质，没有目标意识的孩子，不仅不可能有好的成绩、高的成就，甚至心理健康状况都可能令人担忧。

> **练 习**
>
> 5岁的儿子告诉你，他想饲养两只鸵鸟，上学可以骑鸵鸟到学校。你应该怎样与儿子探索这个话题？
>
> 小学三年级的女儿，既不知道将来自己想做什么工作，也不知道期末考试各科成绩该达到多少分。这正常吗？为什么？你应该怎么做？

（二）设置有效目标

对于能达成目标的适度的确认感，能够提高个体动机水平从而增强希望。针对清晰、明确、具体的目标如"我要在这次考试中每门课都达到优"，较容易制定针对性的达成方法与策略。对模糊不清的目标如"我要和同学好好相处"，则无法提供有效的方法与策略，容易导致迷茫，致使停滞不前或放弃该目标。制定的目标过难或过于简单，都会影响达成目标的动机和行为。正确树立目标和达成目标，对孩子的一生而言，都是有帮助的。

1. 有效目标的特征

希望优势所指向的目标，是个体渴望实现、符合实际、有一定的挑战性、使自己甚至世界越来越美好的目标。这样的目标具有激励个体积极行为的作用，是个体行动的航标。

有效目标具有相关性、明确性、可及性、意义性四个特征。

相关性是指目标具有足够的价值导向，与个体或组织的顶层积极期望——幸福、蓬勃的人生相连，且是可实现的。

明确性，即目标指向明确、具体，能够制定可达成的路径策略，个体行动聚焦于达成目标的标准和时间，且能追踪过程，以便能够对目标的进程进行监控，及时做出策略调整。

可及性是指目标是现实可行的，符合个体所具备的优势、支持资源、掌控力等，让人在目标达成过程中有控制感和条理性。可及性不仅要求目标的层级分明——大目标与若干中层、底层目标相连，还要求目标具有可延伸性。

意义性是指目标具有足够的价值导向，与个体的基本需要相符，与个体的天赋、兴趣相结合，具有利他性。

2. 设定目标

传递希望的基础是帮助孩子设定目标。当然，目标必须依照孩子的年龄和特殊情况来调整。

父母可与孩子共同讨论，鼓励孩子设定各种生活领域的、具备上述有效目标特征的目标，并依据目标的重要性排序。可同时选择好几个目标，当某一目标的实现遇到严重阻碍时，可以转向另一目标。

如果能够先使用相应的测评工具测量孩子价值观、兴趣和能力偏向，再设置目标，更能够激发孩子的动机。

可采用以下步骤，帮助孩子设定目标：

第一步，询问。询问孩子，他最期待的目标是什么。结合上述有效目标的特征分析这些目标，引导孩子思考达成这些目标后可能的感受（如愉快、满意、激动等）。

第二步，联结。将这些目标与合适的未来目标联结，激发孩子的发展性思维，增强达成目标的毅力和激情。支持孩子将自我目标与集体目标联结，培养孩子的合作能力和团队精神。

第三步，定级。引导孩子将确定后的目标，按照重要性分为不同等级。这样可以避免孩子在实践中茫然、混乱。

第四步，明确。引导孩子将这些目标明确化，促使孩子清晰地朝着目标前进。如"获得好成绩"缺乏清晰度，是模糊目标，不是希望目标。孩子不知道他们何时、怎样达成目标。如果明确为"为了下一次物理考试成绩达到90分，我每天要坚持复习物理30分钟"这样清晰的希望目标，孩子不仅能辨别何时和怎样达到目标，还能体验到成功的感受。

第五步，鼓励。鼓励孩子建立路径目标。高希望水平的孩子更可能在实践中使用路径目标，而低希望水平的孩子倾向于使用逃避目标。帮助孩子改变逃避目标的动机和行为，接受更有创意的目标设定，寻找解决问题的替代方法，对提高希望水平具有非常重要的积极意义。

高希望水平的孩子对其他人的目标也有兴趣，因此我们可以鼓励孩子去思考与同伴共同的目标。如共同思考一个数学问题，彼此帮助，解决困难，这能创造一种分享的成就感。这有助于孩子和同伴相处，并产生更从容的、更令人愉快的人际交往。

那些有助于开发和培育希望思维，并能提升绩效的目标，应该是具体和可测的。它们既应该有一定的挑战性，又是可以实现的。设置的目标应该有难度但可及，孩子付出必要的努力，完全可以实现目标。

练 习

决定目标优先顺序四步法

第一步，目标清单。

列出大于25个内心希望的目标清单。

第二步，设定优先项。

深入地思考，将5个最高优先级的目标圈起来，只能圈5个。

对每一个目标从最无趣到最有趣，再从最不重要到最重要，按1~10打分。

将每一个目标的这两个数值（最有趣、最重要）相乘，得到一个1~100之间的数值。

然后，将"最有趣×最重要"得分最高的5个目标圈起来，把其他目标都降级。

第三步，聚焦（管理自己的弱项和缺点）。

> 好好地看一看没有被圈起来的那20个目标——它们是你需要放弃的。它们会将你的目光从更重要的目标上吸引过去，分散你对最重要的目标的注意力，消耗你的时间和精力。
>
> 剩下的这20个目标中，有很多目标实际上是彼此相关的（个别专业方面的目标除外），也可能是实现顶层目标的手段，它们可能也会对自我有激励作用，产生积极情绪。尽管自我很不情愿，但是，为了聚焦顶层目标，应该决定把它们放在要不惜一切避免的清单上。
>
> 第四步，再决定。
>
> 当不得不将自己的精力和行动分配到几个不同的高层目标中时，就会发生很大的冲突。需要一个"顶层的终极目标"作为人生的"指南针"，化解高层目标冲突，决定达成终极目标的路径方法和策略。
>
> 从"我要成为什么样的人"开始再思考："这是我最渴望的目标吗？"确定一个顶层目标。
>
> 这项练习的要点在于认清自我，先决定不做什么，然后决定自己要做什么，最终实现自己的需要。

三、发展路径思维

积极路径是符合现实状态和未来发展，达成希望目标的策略与方法。

希望的核心是有能力找到可以达到期望目标的路径，并且有动机使用这些路径。

有了合适的目标，就需要规划实现目标的成功路径。实现这个目标的有效方法与途径越多，个体实现这一目标的机会就越大；有效路径所得到的阶段性反馈会进一步强化实现目标的动机，个体就会感到越有希望。

（一）认识路径思维

路径思维是指人们对达成目标所需要的方法、策略和路线的认知能力，是个人对自己有能力找到和规划有效的路径来达到期望目标的信念和认知，这是实现目标最重要的能力。

路径思维培养能够开发孩子大脑预测能力，让孩子对当下的现状和情况能够做出解读，对未来所想要达成的目标有规划，使当下与未来产生有效连接。

（二）强化路径思维

设置合适的路径，促进目标达成，是孩子希望品质里最为重要的能力。

1. 分解目标

强化路径思维，最常见的策略是帮助孩子将大目标拆成较小的子目标。

低希望水平孩子最大的困难，在于不知道如何规划子目标。或许孩子的弱点不是无法了解目标，而是在识别通往目标的几种路径时陷入困境；或许是在目标遇到阻碍时，缺乏通往这些目标的替代路径；或者是缺乏确定不同目标优先顺序的能力等。这种境况下，孩子会变得非常沮丧，积极心理力量匮乏，从而放弃目标。这在某种程度上可以解释为何一些孩子会缺乏希望、出现偏差行为。

孩子出现这种低希望水平现象，可能是在成长过程中缺乏重要他人的指导，要么是家庭支持力量不够，要么是储备的知识、累积的经验不够，要么是分解目标的能力不足，要么是"我不行"的消极信念所带来的认知偏差等。我们要重视鼓励和指导孩子设定更为具体的、更有效率的积极目标。

引导孩子学习将大目标拆成小目标，再将小目标划分为许多小阶段，这样能给孩子带来自信，提高孩子的希望水平。

确保目标分解的正确性，应做到以下两点：

第一，应确保分解出的各项子目标的一致性。

下一级目标的行动方向对应上一级目标的行动计划，上一级目标是下一级目标行动路径的衡量标准。

第二，各子目标是紧密相关的，应确保实施过程同步，逐步接近总目标。

实现每个子目标的具体路径之间不重叠、不交叉。每一条行动路径都有具体的、可衡量的标准。

2. 设置伸缩性目标

帮助孩子根据他们先前的成功表现来设置"可伸缩"的目标，会令他们更加振奋，激发希望品质，当进度受阻时，可伸缩的目标有助于加强孩子的内在动机和韧性。

教养者需要引导孩子明确自己的价值观，了解自己内心真实的需求，并找到突破口，激发自己的动力。比如一个讨厌数学课的孩子想参加一个只有期末数学考试考上90分才能被选拔进的夏令营，那么他在上数学课时就不会再抗拒了，反而会很投入。因为这个他讨厌的东西现在已经是他喜欢的东西的一部分。

如果孩子不知道自己想要的是什么，即便他能够养成看起来很自律的习惯，对他而言也是毫无意义的。人的一切行为在其潜意识里都有一个真正的动机，拥有了动机，自然就会努力。否则，不管别人怎么劝说，个体依旧很难付出行动。所以，透过现象看本质，先让孩子学会了解自己，明确自己真正的目标，这才是最重要的。

我们可以根据下面的步骤，帮助孩子制定某一学科学习的伸缩性目标。伸缩性目标应既具有挑战性又足够灵活，以便根据孩子的学习进度和能力进行调整。

第一步，评估当前水平，了解孩子在该学科的当前水平和能力。这可以通过老师的评估、近期的测试成绩或者自我感知来完成。

第二步，确定长期目标。与孩子一起讨论并确定一个长期的、具体的、可衡量的学习目标，注意要与孩子的能力相匹配。例如，如果孩子的数学成绩一般，长期目标可以是"在下一个学期末能够在数学考试中至少得到 B 等级"。

第三步，将长期目标拆分为短期目标。这些短期目标应该更加具体和紧迫，比如"在接下来的一个月内，数学作业至少达到 80% 的正确率"。

第四步，制订伸缩性计划。为了确保目标的伸缩性，计划应该具有一定的灵活性。例如，如果孩子在某个时间段内的表现超过了预期，可以提高目标标准；反之，如果孩子遇到了困难，可以适当调整学习计划。

第五步，定期检查进度。与孩子一起定期检查学习进度，并根据情况调整目标。

在伸缩性目标的实施过程中，家长还应注意以下三个方面：

一是庆祝成就。当孩子达到某个短期目标时，庆祝他们的成就，增强动力，让他们对学习保持积极的态度。

二是鼓励孩子进行自我反思，思考哪些学习方法有效，哪些需要改进。

三是提供支持与资源。如辅导、额外的学习材料或是网络资源等，以帮助孩子达成目标。

通过这种方式，孩子不仅能够在这一学科上取得进步，还能学会如何设定和管理自己的目标，这对他们未来学习和生活都是非常宝贵的技能。

3. 建立积极意象

建立积极意象，就是引导孩子以达成积极目标为导向，针对性地去想象达成其目标的方法（包括可能会出现的障碍），有选择而有秩序地组织起来，形成一个较为客观的可视化的意象。简单地说，就是引导孩子与未来连接，想象达成积极目标的策略、方法以及实践操作流程，让孩子有秩序地组织、整合而形成具体、可操作的方法。建立积极意象对提高孩子的学习成绩和实践技能有非常重要的作用，特别是在孩子挑战新事物和新技术时，建立积极意象往往能发挥很大的作用，具有很好的效果。

4. 设定行为仪式

成长中的孩子，虽然可能在希望目标的设定、路径思维以及自主性等方面都处于积极状态，但由于身体、心理和情绪状态不稳定，自我经验和知识的储备量不足，掌控感和自控力低，从而影响路径方法的实施，在追求目标时可能依然会感到困难。这就需要父母指导和监督孩子设定行为仪式——在特定的时间里，坚持专注于特定的活动且形成习惯；每天在固定的时间实施专注的事项；严格遵守作息时间和相关规定性活动。

设定行为仪式是一种让孩子继续坚持下去的有效手段。这些仪式能让孩子在唤起意志力或路径意识时不必投入太多想法或精力。

5. 培养整合思维

我们不仅应引导孩子将终极目标进行分解，形成台阶式的发展目标，而且要协助孩子寻找并整合出一套合适的路径方法和策略，鼓励孩子展开行动，追求目标。

（三）替代路径思维

积极路径是曲折而可行的。路径思维的关键在于指导孩子为达成目标设定路径，有一条主要路径，同时还应该预设其他几条可行的替代路径。替代路径思维的培养，关键在于引导孩子思考和预设可能遇到的阻力，形成更多可以解决困难的方法或策略，以确保目标的达成。

1. 坚定希望信念

坚定相信目标一定能够实现的信念，是突破障碍的最重要的认知。

知道现实的自己置身于何处（A点），也知道要去何处（B点），并充满力量去寻找和践行从A到B的路径方法，积极行动，及时改变、调整自我，重新规划达到目标的新路径，应对困扰自己的内外环境，这正是坚定希望信念的重要意义（如图4—3所示）。

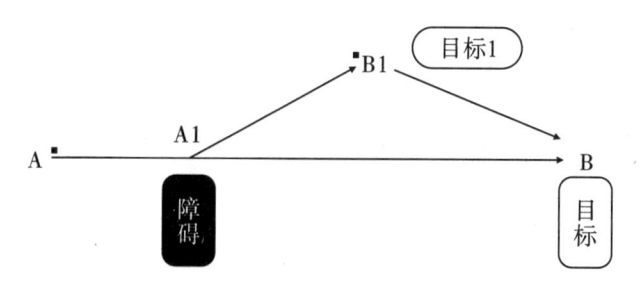

图 4-3　坚定希望信念寻找替代路径

例如：解答一道难度较大的数学题，我们坚信它一定是有解的，只是我们还没有找到解出这道题的方法。需要提取和整合过去已有的知识经验，不断寻求、尝试解决路径，包括寻求支持资源——与他人一起探究，最终成功解答这道数学题。这好似"没有教不好的孩子，只是还没有找到好的方法"。

2. 积极归因

教导孩子不要将障碍归因为自己缺乏天赋，要建立积极归因，或更有创意的归因。

在障碍威胁到孩子希望目标达成时，如果没有正确认知障碍的思维方式，那种无法克服障碍的消极思维就会削弱孩子战胜困难的积极力量，导致孩子悲观，将思维滞留在任何具有毁灭性的原因中不能自拔，无力战胜障碍而退缩。此时，父母、老师最重要的任务就是防止孩子悲观。

成长中的孩子，遇见较难解决的障碍时，往往会出现两种不同的思维模式。一种是内部归因：当障碍（坏事）发生时，把问题形成或不能够解决的原因归咎于自己，怪罪自己。喜欢责怪自己的孩子自尊心强，觉得愧疚与羞耻，这会挫伤他们面对障碍时的勇气。另外一种是外部归因：当障碍（坏事）发生时，把问题形成或不能够解决的原因，归咎于其他人或环境。这类孩子对自身评价较高，更少觉得愧疚和羞耻，也更容易愤怒。但是，他们会惧怕承担责任，同样也会缺乏面对障碍的勇气。我们提倡引导面对障碍的孩子进行如下积极归因。

首先，面对障碍不要轻易放弃，也不要总是埋怨自己、怪罪自己，而是冷静下来，理智地寻找导致问题或问题不能够轻易解决的真正原因。

如果造成问题的原因在自己，就应该承担责任，积极改正和补救。并且养成习惯说："抱歉，是我的问题，下次我会做得更好。"然后分析自己导致的问题。我们应帮助孩子认识到，可能他需要增加一个新技能，并鼓励他学习；可能需要收集或探索其他可行的更有创意的路径。我们还应提醒孩子，他可以随时寻求他人的帮助和支持。

如果造成问题的原因不在自己，就不能够怪罪自己，更不必感到愧疚。

3. 寻找替代路径

在生活中遇到阻碍的场景经常发生，而阻碍成功的往往是欠缺通往这些目标的替代路径。我们应鼓励并协助孩子在着手追求他们的目标时，计划几条可行的替代路径，如果在实现目标的过程中，感知到某条路径是无效的，就尝试另外一条路径。这是支持孩子持续前进的重要能力。

在障碍面前寻找新的路径方法是培养和提升孩子希望水平的最佳方式之一。这些新的路径可能是学习新的技能、寻求他人帮助或是适当调整目标等。替代路径可能不是最佳的路径，但是，它是孩子坚守希望、达成目标的重要手段。我们不仅应给予精神鼓励和支持，还要与孩子一起深入分析障碍背后的深层次情感需求，引导孩子把障碍看成挑战，激发自我的潜能，整合积极资源，围绕问题积极思考，找到替代路径，走出困境，继续追求自己的目标。如果这些替代路径被证明确实有效，孩子的热情会得到进一步的激发，表现得更加积极，这又会增加成功的可能性，形成良性循环。

通过帮助孩子发展达成目标的各种路径策略，包含挑战障碍的应对策略、替代路径等，家长可以给孩子树立直接的榜样，引导孩子进行分析、讨论、练习，来让他们习得策略。还可通过角色扮演的方式，引导孩子探讨实现目标过程中的有效途径和策略，并将它们存储到经验中，以丰富路径信念系统。有意识地锻炼孩子克服困难的意志力是非常有必要的，这将在下文中详述。

（四）集体希望

集体希望反映了一大群人的目标导向思维水平，它凝聚了团体中每一个个体的积极心理力量，大家一起追求共同的目标。拥有集体希望的家庭（班级）环境能造就高希望水平的孩子。

集体希望能够唤起和激发个体的希望，让个体自主承担任务，履行责任，分工合作，积极进取。将自我希望与集体希望整合，能够充分发挥个体的优势和潜力，推动个体积极、可持续地发展。

充满集体希望的环境——不论是家庭、学校，孩子所在的班级，都应该具有明确的成长目标，其中的每一个成员都能够具有清晰的成长目标，开展路径思维和动力思维，承担自己的责任，各司其职、各负其责，团结、和谐、勤奋，积极进取。

第二节　积极的自尊（能力与价值）

一、自尊的概念与内涵

自尊是一种对自己能力和价值的认知和自我评价。它包含两个核心特征：一是自我效能感，即面对挑战时相信自己有能力应对，相信未来会成功；二是自我价值感，即相信自己值得拥有幸福和尊重。这两个特征共同构成了自尊的两大支柱，缺一不可。

有研究发现家庭成长环境对自我评价影响较大，而自我评价会直接影响个体的自尊水平。自我评价及其情感体验有正负两个方向，因此，自尊概念也有积极、消极之分，即积极自尊与消极自尊，也称为高自尊和低自尊。

积极自尊让我们相信自己有能力应对生活中的挑战，并值得拥有幸福。这种信念激发我们产生积极的行为，积极面对人生。通过培养积极的自尊，我们可以更好地应对生活中的挑战，享受更多的幸福感和满足感。

消极自尊则可能导致自我怀疑、消极情绪和心态。消极自尊的个体往往将自我价值和能力建立在外在评价上，而非内在的自我肯定。这导致他们往往被消极情绪困扰，对自己的能力和价值持怀疑态度，惧怕失败，对生活中的新事物、改变等总是看到负面的因素。这种状态在一些孩子身上尤为常见。他们总感觉自己适应不了生活与环境，觉得自己是有问题的，缺乏对自己的热爱，产生痛苦的感觉。与积极自尊的个体相比，消极自尊的个体更难从失败和挫折中恢复过来。

可以根据表4-1、表4-2测一测自己的自尊水平。

表4-1 罗森伯格自尊量表（SES）

指导语：这个量表是用来了解您是怎样看待自己的，请仔细阅读下面的句子，选择最符合您情况的选项。答案无正确与错误之分，请按照您的真实情况来描述自己，在相应的序号上画"√"。

题目	非常符合	符合	不符合	很不符合
1. 我感到我是一个有价值的人，至少与其他人在同一水平上。	4	3	2	1
2. 我感到我有许多好的品质。	4	3	2	1
3. *归根结底，我倾向于觉得自己是一个失败者。	1	2	3	4
4. 我能像大多数人一样把事情做好。	4	3	2	1
5. *我感到自己值得自豪的地方不多。	1	2	3	4
6. 我对自己持肯定态度。	4	3	2	1
7. 总的来说，我对自己是满意的。	4	3	2	1
8. *我希望我能为自己赢得更多尊重。	1	2	3	4
9. *我确实时常感到自己毫无用处。	1	2	3	4
10. *我时常认为自己一无是处。	1	2	3	4

注：*表示反向计分。

表 4-2 分数解释

分数（分）	结论
10~14	您自尊水平很低。您做任何事情都对自己没信心，对自己的表现失望，需要引起高度重视，应适当采取一定措施提高自尊水平。 建议：您在心理方面过低的自我评价可能存在深层次的因素，您可以尝试进行心理咨询，与咨询师一同进行探索，并尝试去改变这种状况。
15~19	您的自尊水平比较低。您难以摆正对待自己的态度，不能够正确认识真实的自己，认为自己不如别人，回避挑战，自尊心不足。 建议：您可以尝试每天记录当天生活中您觉得做得比较好的事情，可能的话再记录在做这些事情之前自己的心态，定时拿出来评估一下自己的真实状况，这对您真正认识自己会很有帮助。
20~29	您现在的自尊处于中等水平，能够正确对待自己和接纳自己，不抱怨，有自己的见解和想法，人际关系较好。 建议：您对自己的评价较为客观，如果您能够时刻告诉自己"我可以做得更好"，那么您一定可以做得更好。
30~34	您的自尊水平较高，做事情很有信心、不容易受别人的影响，能够很好地接纳自己，认为自己是有价值的，有爱心，人际关系良好。 建议：您的心理状况良好，请继续保持。
35~40	您的自尊水平很高。您能够完全接纳自己，生活有快乐感，有爱心，乐于帮助别人，人际关系很好。

注意不要对号入座，给自己贴标签，明确这只是现在了解自己的一种方式。自尊水平会有波动，它展示的只是短期内我们对自己的感受。怎么看待自己的主动权掌握在自己手中，不论你现在的自尊在什么水平，每个人都有能力爱自己、尊重自己。

我们可以通过下面的练习，帮助孩子探究自尊水平对自己的影响。

练 习

请孩子回想一件曾经缺乏信心、不相信自己能够做好的事情。

然后，按照以下步骤进行讲述和探究：

> 第一步，讲述事情经过。请孩子讲述这个情境，是什么时候、在哪里发生的，以及具体是什么任务或挑战。
>
> 第二步，回忆当时的感觉。请孩子描述自己当时的感觉，是不是觉得紧张、害怕或者不确定。这一步的重点是要让孩子诚实地表达当时的想法和感受。
>
> 第三步，探究影响。引导孩子思考这件事情对自己产生了哪些影响。可以包括情绪上的影响（比如感到沮丧或焦虑），行为上的影响（比如逃避类似的任务或挑战），以及对自己能力判断的影响（比如认为自己不擅长某方面）。
>
> 例如，孩子可能会说："我记得有一次在学校里，老师要求我们每个人在班上做一次口头报告。我当时非常紧张，因为我觉得自己不擅长在大家面前讲话。我担心自己会忘词，或者同学们会嘲笑我。结果，我真的在报告时结结巴巴，感觉所有人都在看着我，等着我出错。那之后，每次一想到要做口头报告，我就会感到害怕和紧张。我觉得自己真的不适合做这种事情，甚至在其他场合也不愿意主动发言了。"

通过上述练习，孩子不仅能够识别出自己在特定情境下缺乏信心的经历，还能够理解这种经历是如何影响自己的行为和自我认知的。这有助于孩子在未来面对类似挑战时，更清晰地意识到自己的思维模式，并尝试采取积极的策略来增强自信心。

（一）自尊的发展阶段

个体自尊的发展是一个连续的过程，贯穿了从婴儿期到成年期的几十年时间。

1. 婴儿期：自尊的萌芽

婴儿期是个体发展的起点，也是自尊心开始萌芽的阶段。在婴儿期，孩子通过与主要照顾者的互动，开始形成对自我存在的感知。这一阶段自尊发展的主要任务是安全感的形成。

照顾者积极、一致的响应和亲密互动能为婴儿提供正面的自我认知和安全感，而忽视或消极的互动可能导致婴儿形成负面的自我概念。当婴儿在清晨醒来，如果照顾者能够及时地给予拥抱、亲吻和温柔的话语，婴儿就会感受到被爱和被重视。这种积极的互动不仅满足了婴儿对安全感的需求，也在无形中培养了他们的自尊。相反，如果婴儿在寻求亲密和关注时经常遭遇忽视或拒绝，他们可能会逐渐形成一种不安全依恋。这种依恋模式可能会导致孩子在内心深处种下"我不够好"或"我不值得被爱"的种子。这样的孩子在成长过程中可能会表现出羞怯、焦虑或过度依赖他人的行为，这些都是自尊水平较低的体现。

练　习

每天观察并记录孩子与主要照顾者（如母亲或父亲）的互动情况。这些互动可以发生在任何日常场景中，如喂食、换尿布、玩耍或休息等。

特别要关注照顾者的响应是否及时、一致和积极。例如，当孩子表现出需求或情绪时，照顾者是否能够及时察觉并给予积极的回应。

分析孩子在这些互动场景中的情绪反应。观察孩子是否感到放松、愉悦或紧张，并记录这些情绪反应的具体表现。

每个观察场景都应包括时间、地点、参与者（孩子和照顾者）以及具体的互动细节。

通过上述观察和记录，父母能够更直观地认识到安全感对孩子自尊发展的重要性。他们可以看到当孩子得到及时的、一致的积极响应时，会表现出更多的放松和愉悦。观察结果将鼓励父母反思他们的互动方式，并促

使他们改进可能存在的不足。例如，如果父母注意到自己在某些情况下对孩子的需求响应不够及时或不够积极，他们可能会调整自己的行为，以更好地满足孩子的需求。这种观察和记录也为父母和孩子之间的亲子沟通打下了基础。父母可以更好地理解孩子的需求和感受，从而建立更加亲密和信任的亲子关系。

2. 幼儿期至学龄初期：自我评价的形成

幼儿期至学龄初期是孩子成长过程中一个极其重要的阶段，孩子开始逐渐摆脱婴儿期的依赖性，步入自我探索和自我评价的新阶段。在这个阶段，孩子不仅开始形成对世界的初步认识，也开始了对自我价值和能力的初步评估。这一阶段自尊发展的主要任务是掌控感的发展。

随着孩子年龄的增长，他们开始通过观察、模仿和学习来丰富自己的经验和知识。这种学习和观察不仅在于日常生活的点滴，更包括在学业、运动、社交等多个领域中的尝试和探索。孩子会注意到自己在这些领域中的表现，会关注自己是否做得好，是否得到了他人的认可和赞赏。在这个过程中，孩子开始尝试建立自己的评价标准，根据他人的反馈和自己的经验来判断自己的能力和价值。这种自我评价的形成是一个渐进的过程，孩子会逐渐从依赖外部评价转向更加独立和自主的自我评价。然而，这一阶段的自我评价并非完全客观和准确。孩子往往容易受到他人评价的影响，尤其是父母和老师等权威人物的评价。因此，父母和老师的鼓励和支持对于孩子的自尊发展至关重要。当孩子在学业、运动或社交等方面取得进步或成绩时，他们的内心会充满喜悦和自豪，这种自我效能感的获得会进一步提高他们的自尊水平。相反，如果孩子在这些方面遭遇挫折或失败，可能会感到沮丧和失望，这种消极的情绪体验可能会对自尊造成一定的打击。

为了帮助孩子形成健康、积极的自我评价，父母和老师需要给予他们足够的关注和支持，应该鼓励孩子勇于尝试和探索，即使失败了也要给予他们理解和鼓励。同时，父母和老师也应该教会孩子正确看待自己的优点和不足，帮助他们形成全面、客观的自我评价。

练 习

模拟日常生活中的场景，如学校、家庭或社交场合，让孩子扮演不同的角色，并提供积极的反馈。父母或老师可以设定场景和角色，观察孩子的表现，并在结束后给予正面的和建设性的评价。通过角色扮演，让孩子体验成功和认可，提高他们的自尊水平，同时学会接受和处理反馈。示例如下：

场景设定：班委竞选。

角色分配：孩子扮演竞选者，向"同学们"阐述自己的竞选理念和承诺。父母或兄弟姐妹扮演老师或同学，负责提问和投票。

准备阶段：与孩子一起讨论竞选班委需要准备的内容，如竞选演讲稿、对班级问题的看法、未来的工作计划等。引导孩子思考自己的优势和特长，以及为什么适合担任班委。

角色扮演：设立一个模拟竞选现场，孩子作为竞选者上台发表竞选演讲，阐述自己的竞选理念和承诺。"同学们"可以提出问题或质疑，孩子需要灵活应对并解答。模拟投票环节，"同学们"根据自己的判断进行投票。

观察与记录：在角色扮演过程中，父母要观察孩子的表达能力、逻辑思维、应变能力以及是否有领导力潜质。记录孩子在竞选过程中的亮点和不足，为后续反馈做准备。

反馈环节：角色扮演结束后，父母与孩子进行反馈交流。首先肯定孩子在竞选过程中的优点，如表达清晰、有自信、有创意等。然后指出可以改进的地方，如回答问题的逻辑性、对班级问题的深入了解等。鼓励孩子继续努力，在未来的学习和生活中不断进步。

> 通过竞选班委的角色扮演,孩子可以体验到竞争和团队合作的氛围,提升自己的自信心和表达能力。父母的正面反馈和建设性建议可以帮助孩子更好地认识自己的优点和不足,激发进取心。孩子在模拟竞选过程中能学会如何面对挑战、解答疑问,这对于他们的社交能力和问题解决能力都是很好的锻炼。

3. 青春期:自尊的剧烈波动

青春期是人生旅程中充满挑战与变化的独特阶段,是个体生理和心理都发生显著变化的时期。在这个阶段,孩子的自我评价往往受到更多外部因素的影响,如同伴关系、学业压力等。这一阶段自尊发展的主要任务是自我价值感的获得。

伴随着身体的快速发育,青春期孩子的心理也在经历一场深刻的变化。其中,自尊的波动尤为显著,时而高涨,时而低落,让人难以捉摸。在这个阶段,孩子的自尊受到了四面八方的考验。首先是来自同伴关系的压力。青春期的孩子开始更加关注自己在同龄人中的位置,他们渴望被接纳、被认可。然而,由于他们还在形成自我认同的过程中,这种渴望往往会导致他们对自己的评价过于依赖外界的评价,尤其是在同伴间的比较中。一旦觉得自己不如他人,自尊便会受到打击。其次,学业压力也是引起自尊波动的重要因素。随着课程和考试难度的增加,一些孩子可能会感到力不从心,产生挫败感。这种挫败感会让他们对自己的能力产生怀疑,甚至产生自我否定的情绪。同时,学校和家长对于学业的高期望也会让孩子感受到巨大的压力,从而进一步影响他们的自尊。为了向父母宣示自己已经长大,青少年在此阶段显得特别逆反。可"我依然需要依靠父母才能生存"的认识,又使得青少年的自尊水平随着其自我价值感的剧烈下降而降低。

然而,值得注意的是,青春期的自尊波动并不是一件坏事。事实上,它是孩子成长过程中的必经之路。通过这个过程,孩子开始更加深入地了解自己的内心世界，开始思考自己的价值所在，从而逐渐形成稳定、健康的自尊。因此，作为家长和教育者，我们需要给予青春期的孩子更多的理解和支持。我们需要引导他们正确地看待自己和他人的差异，帮助他们建立内在的自我肯定，而不是过分依赖外界的评价。同时，我们也需要关注他们的情感需求，给予他们足够的关爱和鼓励，让他们在面对挑战和困难时能够保持积极的心态和坚定的信念。在这个过程中，我们可以通过一些具体的行动来帮助孩子建立健康、稳定的自尊。比如，我们可以与孩子一起制定学习目标，关注他们的学习过程而非仅仅关注结果；可以鼓励孩子参与各种社交活动，培养他们的社交技能和自信心；还可以引导孩子关注自己的内在感受，让他们学会自我反思和自我激励。

总之，青春期的自尊波动是孩子成长过程中的必经之路。我们需要给予他们足够的理解和支持，帮助他们建立健康、稳定的自尊，从而让他们在未来的生活中更加自信、坚强和幸福。

练 习

自我认同主题讨论会

自我认同是个体对自我身份的确认和接受，通过自我认同的探索，青少年可以更好地了解自己的价值观、兴趣和梦想，进而形成积极的自我形象和自尊心。我们可以组织家庭或班级讨论会，让孩子自由发言，表达自己的想法和感受，同时给予积极的回应和支持，以此帮助青少年建立清晰的自我认同，增强他们的自我价值感，缓解自尊波动带来的负面影响。

设定讨论主题：选择与自我认同相关的主题，如"我的梦想""我的兴趣爱好"或"我认为最重要的价值观"。

准备：通知孩子将要进行的讨论活动，并鼓励他们提前思考相关主题。可以提供一些引导性的问题，如"你长大后想成为什么样的人"或"你觉得生活中最重要的是什么"。

组织讨论会：选择一个舒适、放松的环境进行讨论。开始时，可以由家长或老师简述讨论的目的和规则，强调这是一个开放、安全的空间，每个人都可以自由表达。

引导分享：以一个简单的问题暖场，比如"大家能分享一下自己的兴趣爱好吗？"随后，逐渐深入到更个人化、更有意义的话题，如梦想和价值观。

积极倾听与回应：当孩子们分享时，家长或老师要全神贯注地倾听，不要打断或评判。在孩子分享完毕后，给予积极的反馈，如"你的想法很有趣"或"我很高兴你能勇敢地分享自己的梦想"。

鼓励互相交流：不仅可以让孩子与家长或老师交流，还可以鼓励孩子与同伴相互分享和讨论。这有助于孩子从多角度理解自我认同，并学会尊重他人的观点。

总结与反思：讨论结束后，可以留出一些时间让孩子反思今天的讨论，并鼓励他们将这些想法记录下来。家长或老师也可以分享自己的观察和感受，以此结束活动。

通过这样的讨论活动，孩子不仅能够更深入地了解自己的内心世界，还能学会如何表达自己的想法和感受。这对于建立清晰的自我认同、增强自我价值感以及减少青春期自尊波动带来的负面影响都是非常有益的。同时，这样的活动还能促进家庭成员或班级同学之间的沟通和理解，营造一个更加和谐、支持的环境。

练习

优缺点大轰炸

引导孩子将自己的缺点和优点分别罗列出来。

罗列缺点时，应注意不要使用贬义评价，而要使用客观评价。如"我长得非常难看"就是贬义评价，应改为客观具体的表述，如"我的脸有点长""我的牙齿有两颗比较突出"。不要夸大，写得越具体越好，但要寻找例外，如"我没有毅力，不过，我有一次还做得不错，那件事我坚持下来了"。

孩子在列举自己的优点时可能会感到有困难（尤其是自尊水平较低的孩子），如果出现这种情况，可以引导孩子从自己的偶像/崇拜的人出发，列出他们身上的优点。

罗列完毕后，引导孩子进行分享讨论：罗列完自己的优缺点之后，有怎样的体会？看到列出的缺点和优点，有什么感受？

讨论结束后，再次告诉孩子，每个人都是不完美的，每个人都有优点和缺点。这个世界并不需要完美的人，而需要真实的、能够发挥自己优势的人。引导孩子在之后的生活中做到以下几点：日常肯定（时不时地表扬自己一下，经常看看自己的优点，扩大优点的影响力）；主动整合优点（平常做事的时候，经常联系到这些优点，在生活中不断地丰富优点）；客观面对缺点（有缺点不可怕，它是客观存在的，在自己能力范围内去做练习，进行调整）。

通过优缺点大轰炸，孩子能够从一个客观清晰的角度来看待自己，看到自己是一个有优点、有缺点的真实的人，同时在生活中扩大优点的影响力。

4. 成年期：自尊的稳定与深化

进入成年期，个体的自尊逐渐趋于稳定。此阶段，自尊发展的核心在于强化自我效能感及保护自尊。通过长年的生活积淀与深刻的自我反思，个体已构筑了更为全面且深入的自我评价。在这一时期，个体开始更多地探寻自身的内在价值和意义，而非仅仅关注外在的成就与社会认可。相较于之前的成长阶段，成年期的自尊更显平衡与稳固。

然而，认为成年期自尊绝对稳定不变是不准确的。突如其来的重大疾病、重大灾难，或是生活中的重大变故，都可能对个体的自尊造成不小的冲击。尽管如此，大多数成年人的自尊仍能保持一个相对的平衡状态，这得益于他们已熟练掌握了筛选与处理信息的策略，以此维护内心世界与外在环境的和谐。成人世界的纷繁复杂远超以往任何阶段，因此，个体的自尊并非处在一个和平无虞、毫无威胁的环境中。相反，在成年期，对自尊的潜在威胁可说是无处不在。随着个体社会化的深入，社会比较也日益频繁。人们普遍认为，不同的社会比较策略对自尊的发展有着不同的影响。

通常来说，社会比较主要有两种方式：一种是与比自己更优秀或更成功的人进行比较，这通常被称为上行比较；另一种则是与比自己逊色的人进行比较，即下行比较。值得注意的是，比较的发生往往是不受个体主观意识控制的。但个体可以控制的是，是否将注意力集中在这个比较过程上。当个体在比较中感到自己不如他人，从而产生消极情绪时，为了规避这种负面情绪，往往会刻意回避对上行比较过程的关注，心里暗示自己："我们之间无法比较，因为差异太多了。"而当个体因下行比较而产生愉悦感时，为了使这种愉快的感觉延续更长时间，他们便会有意识地将注意力集中在这个比较过程上。当个体因失败而感到懊恼时，那些拥有积极自尊的人可能会这样宽慰自己："与一些人遭遇的人生灾难相比，我的这次失败又算得了什么呢？"如此一来，自尊受到的威胁便得到了有效的化解。由此可见，保护自尊策略的运用在很大程度上决定着自尊在成年期的发展与变化。

练　习

自我反思与探索

自我反思：在一个安静的环境中，静坐并深呼吸，放松身心。思考并记录下自己在成年期以来自尊心的变化和发展。可以从自我认知、成就感、社交关系等方面入手。

自尊心评估：列出至少五个你觉得自己做得很好的方面，以及在这些方面你取得的成就或经历。列出至少三个你觉得自己需要改进的方面，并思考这些方面如何影响你的自尊心。

情境分析：回想一个让你自尊心受到挑战的情境，详细描述这个情境和你的感受。分析在这个情境中，你采取了哪些策略来保护或提升自己的自尊心。

目标设定：基于上述分析，设定一个具体、可衡量的目标，旨在提升你在某个需要改进的方面的自尊心。制订一个实际的行动计划，包括具体的步骤和时间表，以实现这个目标。

自我激励：写下一些能够激励你的话语或格言，以帮助你在实现目标的过程中保持积极态度。将这些话语或格言放在显眼的位置，以便随时提醒自己。

总结与展望：在完成上述步骤后，总结你的发现和感受。展望一下，如果你能够按照行动计划去实现目标，你的自尊心将会有怎样的提升。

这个自助式练习旨在帮助大家通过自我反思和探索，更深入地了解自己在成年期自尊的稳定与深化过程中的变化和需求。通过设定目标和制订行动计划，我们能够积极主动地提升自己的自尊心，从而促进个人的全面发展和成长。

（二）自尊的类型和特点

心理学家将自尊按层次从低到高分为三类：依赖型自尊（依赖外在评价发展出的自我评价）、独立型自尊（不依赖外在评价，但是比较倾向于将现在的自己与过去的自己比较）、无条件型自尊（既不依赖外在评价，也不拿自己与别人甚至自己比较，而是充分享受作为个人的自由和美好）。三者是渐进关系，即必须通过第一层，才能到达第二层，必须通过第二层，才能到达第三层，不能越过某一层。所以每个人都有依赖型自尊，这很自然，我们小时候都经历过，一段时间后就会变成独立型自尊，如果我们能培养健康的独立型自尊，就有机会达到无条件型自尊，也就是最高层次的自尊。①

自尊作为个体对自我能力和价值的认知与评价，在我们的生活中扮演着举足轻重的角色。它不仅影响着个体的情感体验、行为模式，更是我们应对挑战、实现自我成长的关键力量。然而，自尊并非一成不变，它受到环境、经历、教育等多重因素的影响，不断地在我们的内心世界中塑造与重塑。培养和维护孩子的积极自尊，是学校和家庭都需要面对的重要课题。接下来，我们将一起探讨如何在家庭教养和学校教育中提升和保护孩子的自尊。

二、积极自尊的培养

在孩子的成长过程中，家庭与学校扮演着不可或缺的角色，共同为孩子积极自尊的建立奠定坚实基础。家庭作为孩子成长的摇篮，为他们提供了最初的安全感与归属感，而学校则在孩子的心灵土壤中播下发现、唤醒、支持、鼓励和重构积极自尊的种子。这两者相辅相成，形成一股强大

---

① 关于自尊的分类、特征，请参看本套丛书中的《孩子自主成长的内驱力》第五章第三、四节。

的合力，共同促进孩子积极自尊的茁壮成长。

我们在教育实践中发现，安全感、归属感和掌控感是孩子积极自尊培养的三大关键要素。在《孩子自主成长的内驱力》一书中已对安全感、归属感和掌控感的相关理论及其对孩子成长的重要性做了详细的说明，本书不再赘述。接下来本书将逐一介绍安全感、归属感和掌控感与自尊的紧密联系，并从操作层面讨论作为父母和教育者，我们应该如何为孩子营造一个良好的成长环境，从而促进孩子积极自尊的发展。

（一）安全感与自尊：自我价值的根基

安全感是一种从恐惧和焦虑中脱离出来的有信心、安全和自由的感觉。安全感的获得起始于婴幼儿期安全需要的满足。自尊是个体对自我价值的评估和认同，而安全感则是这种自我价值感的基础。当孩子在成长过程中缺乏安全感时，可能会对自己和他人产生负面看法，从而影响自尊。一般来说，安全感强的人往往自尊水平也较高，他们更有可能自信地面对生活中的各种挑战。相反，一个没有足够安全感的个体，不能够很好地接纳自己，尤其是自己的缺点，容易对自己做出负面评价，自尊水平也较低。因此，给孩子提供一个安全、稳定和支持的环境，可以帮助他们建立积极的自尊。

在探讨安全感与自尊对个体成长的影响时，我们可以通过下面小明和小华的故事来理解两种不同环境下的成长轨迹。

> 小明和小华两个同龄的孩子，生活在相似的社会环境中，却有着截然不同的家庭背景。小明成长在一个充满爱与鼓励的家庭，父母对他的每一个小进步都给予肯定和赞美。每当小明遇到挫折，父母总是耐心地帮助他分析问题，鼓励他再次尝试。在这样的环境中，小明逐渐建立了坚实的安全感，自尊心也得到了良好的培养。他对自己有着积极的认识，面对挑战时总能保持乐观和自信。
>
> 相比之下，小华的家庭气氛则显得紧张和压抑。父母对小华有着

很高的期望，却很少给予正面的反馈。每当小华犯错误或成绩不理想时，等待他的往往是批评和责备。这种教育方式让小华感到焦虑和不安全，他开始怀疑自己的能力，对自己的评价越来越低。在学校的集体活动中，小华总是避免成为焦点，他害怕出错，害怕被他人评价。

小明的家庭为他提供了一个支持和鼓励的平台，使他能够健康成长，建立起积极的自我形象。而小华的家庭环境则让他感到不安全和被否定，这影响了他的自我价值感和社交能力。由此可见，一个充满爱和支持的家庭环境对孩子的成长至关重要，它不仅能够帮助孩子建立安全感，还能促进他们自尊的健康发展。

需要说明的是，自尊和安全感之间的因果关系并不是单向的。有时，自尊的增强也可以提升安全感。当一个人通过自我实现、获得成就或得到他人的认可来提升自尊时，他们可能会感到更加安全和自信。这种正向的循环可以促使个体在心理和情感上达到更加健康的状态。总的来说，安全感是个体在情感和认知上的基本需求，它与自尊之间存在着密切的相互关系。两者共同影响着个体的心理健康、社交能力和整体幸福感。

孩子早期的生活经历，尤其是家庭环境，对他们的人格发展和自尊形成具有深远的影响。结构清晰、规则明确且充满关爱的家庭环境能够为孩子提供必要的安全感，进而促进自尊的健康发展。在这样的环境中，孩子能够清晰地知道如何行事，如何与他人相处，从而在社交和情感层面获得成长。但值得注意的是，为孩子提供安全感并不意味着对他们施加无限制的束缚。相反，尊重孩子的个性和需求，对他们怀有道德和行为上的高期望，同时给予足够的信任和支持，这才是真正有利于孩子成长的教育方式。在这样的教育背景下，孩子不仅能够体验到安全感，更能培养出自主性和内驱力，为未来的发展奠定坚实的基础。

安全感是孩子成长过程中不可或缺的一部分，为了培养孩子的自尊，我们首先要为他们营造一个充满信任与支持的环境。无论是在学校还是家庭，这样的环境都至关重要。言行中，我们要不断传递出对孩子的无条件的爱，让孩子清晰地知道，无论何时何地，他们都是被深深爱着和全然接纳的。当孩子面对困难和挑战时，我们要提供坚定的情感支持和安全感。例如，当孩子因为学习成绩不佳而沮丧时，我们可以鼓励他："成绩并不代表一切，我们看重的是你的努力和进步。不论你的成绩如何，我们都永远爱你、相信你。"

练 习

每天设定一个"倾听时刻"，在这个时间段里，全心全意地倾听孩子的分享，不打断，不评判，只是倾听和点头表示理解。

例如：小明因为在学校与同学发生争执而闷闷不乐。回到家中，他爸爸注意到了他的情绪并主动与他沟通。在倾听过程中，小明的爸爸没有急于给出建议或批评，而是让小明充分表达自己的情绪和想法。这种被理解和接纳的感觉让小明的心情逐渐平复，也增强了他与爸爸之间的信任。

保持开放的心态，倾听孩子的想法和感受，对他们的需求和困惑给予积极的回应。这样可以帮助孩子感受到自己的价值，进而增强自尊。为了进一步增强孩子的自尊，我们还要教会他们自我接纳。每个人都有自己的优点和不足，关键是学会欣赏自己的独特之处。

练 习

定期与孩子进行"自我欣赏"的对话，让孩子列举出自己的5个优点，并分享一件近期自己做得很好的事情。

> 例如：小华因为自己的外貌而自卑，总觉得自己不如其他同学好看。在老师的引导下，她开始尝试列出自己的优点，并发现自己其实有很多独特的才华和魅力。通过不断地自我欣赏和练习，小华逐渐放下了外貌焦虑，变得更加自信和开朗。
>
> 教育孩子接纳真实的自己，欣赏自己的优点，同时也尊重他人的优点。这样的教育有助于孩子建立健康的自我认知，从而培养自尊。

总的来说，安全感是孩子心理健康和自尊发展的重要基础。当孩子感到自己处在一个安全、支持的环境中时，他们更有可能去尝试新事物、面对挑战，并从中学习和成长。通过上述的练习，我们可以更加具体地帮助孩子建立积极的自我形象，培养安全感和自我价值感，为他们的自尊发展奠定坚实的基础。

（二）归属感与自尊：自我定位的纽带

归属感是指个体与所属群体间的一种内在联系的心理感受，源于成长过程当中父母的爱。归属感如同温暖的怀抱，让我们在茫茫人海中找到自己的位置。它是我们与社会、与群体紧密相连的情感纽带，让我们感到自己属于某个地方、某个人群，从而找到自我定位和价值所在。而自尊，作为个体对自我价值的肯定和认同，其很大程度上是建立在归属感之上。两者相辅相成，共同构筑着我们内心的世界。

当个体缺乏归属感时，他们可能会感到漂泊无依、孤独无助，这种情感上的失落会削弱自尊，影响自我认同，让个体陷入自我怀疑和否定之中。没有归属感的人，如同无根的浮萍，难以在社会中找到自己的价值和定位，这种状况会影响自尊的发展。

相反，强烈的归属感能够带给我们温暖和力量，让我们感受到自己是社会大家庭中不可或缺的一员。当我们感受到被接纳、被理解、被尊重时，我们的自尊也会得到滋养和提升。在一个充满归属感的环境中，我们能够自信地面对挑战，勇敢地追求梦想，因为我们知道，无论何时何地，总有那么一群人站在我们的身后，支持着我们。

小杰是一个 13 岁的中学生。在很长一段时间，小杰都是班上的"刺头"，他对学校、老师、同学都有各种挑剔和抱怨。但自从加入了学校的足球队，他的生活发生了翻天覆地的变化。

每次训练和比赛，小杰都能感受到队友们的团结和教练的悉心指导。球队里的每个人都像家人一样，他们互相鼓励、支持，共同为胜利而努力。小杰在球队中担任中场位置，他的传球和控球技巧得到了队友们的认可和赞赏。在比赛中，小杰总能感受到队友们的信任，这让他觉得自己是球队不可或缺的一部分。

这种强烈的归属感让小杰在球队中找到了自己的位置和价值。他开始更加自信，不仅在足球场上，在学习和生活中也是如此。小杰的成绩提高了，人际关系也变得更加融洽。他知道，无论在场上还是场外，他都有足球队这个大家庭的支持。他不再怀疑自己的能力，而是坚信自己能够在重要的比赛中发挥关键作用。在球队中，小杰体会到团队合作的重要性，他也开始意识到，个人的成就往往是团队努力的结果。

在一次关键的锦标赛中，小杰在比赛的最后时刻助攻队友进球，帮助球队赢得了冠军。这一刻，小杰感受到了前所未有的自豪和满足。

归属感能够促进孩子建立积极自尊。父母对孩子无条件的爱，会让孩子体验到父母对他的认同，体验到安稳和踏实，体验到他人对自己的思想、情感和个人价值的完全接纳，最终体验到对自己无条件的喜爱和尊重。当孩子对自己的价值有着清晰的认识和坚定的信念时，更容易与他人建立起深厚的情感联系，因为孩子知道自己值得被爱和尊重。这种健康的自尊状态有助于孩子形成积极的人际关系，进一步加深归属感。

家庭、学校、社区等社会环境在塑造孩子的归属感和自尊方面扮演着重要角色。温馨和睦的家庭环境、充满关爱和支持的学校氛围、友善互助的社区文化，都是孩子归属感和自尊生长的土壤。

1. 营造社群环境

为了让孩子深切感受到自己是集体中不可或缺的一员，我们应努力创造一个温馨、包容的社群环境。应积极鼓励孩子参与各类集体活动，如学校的社团交流、社区的志愿服务等，通过这些活动，孩子能更深切地体会到身为集体一分子的荣誉感和归属感。

练习

根据孩子的兴趣和社区的资源，选择一个适合家庭参与的社区活动，如环保活动、文化节、运动会等。与孩子一起讨论活动的意义和目的，鼓励孩子提出自己的想法和建议。同时，准备活动所需的物品和装备。在活动中，鼓励孩子积极参与并与他人互动，培养孩子的团队协作能力和社交技巧。同时，关注孩子的情绪变化并给予积极的反馈和鼓励。活动结束后，与孩子一起分享感受和收获，引导孩子思考自己作为社区一分子的责任和荣誉。

---

2. 促进互动交流

我们要大力倡导孩子与同伴间的互动交流，这样不仅能锻炼他们的社交能力，还能培养他们的团队协作精神。在各种集体活动的参与过程中，孩子能学会如何协作、分享以及承担责任，这些经历都将极大地增强他们的归属感和自尊心。

> **练 习**
>
> **班级小型演出**
>
> 　　准备：将全班学生分成若干个小组，每个小组选择一个故事或歌曲进行排练，每个成员都要有参与和展示自己的机会。
>
> 　　排练：老师或组长引导小组成员讨论角色分配、排练计划等，鼓励大家积极参与并提出建议。
>
> 　　正式演出：选择一个合适的场地和时间，邀请家长和其他班级观看演出。演出结束后，老师进行简短的表彰。
>
> 　　反思总结：演出结束后，组织一次讨论会，让每个孩子分享自己的感受，包括参与过程中的困难和收获，以及演出带来的归属感体验。

3. 提供多元参与机会

为了让孩子感受到自己的声音和意见受到重视，我们应给予他们参与社群决策和规划的机会。同时，鼓励孩子承担一定的责任和义务，为社群的发展贡献自己的力量，这样的经历将极大地提升他们的归属感。例如，老师决定重新设计班级的文化墙，邀请学生共同讨论和设计文化墙的内容和布局。学生们积极提出自己的想法，包括展示班级荣誉、学生作品、学习目标和班级口号等。最终，文化墙的设计融合了学生们的创意，使每个人都对班级的文化墙有了更深的情感联系。

> **练 习**
>
> **活动策划**
>
> 　　确定活动主题：老师与学生一起讨论并确定一个班级活动的主题，例如"团结合作"或"环保意识"。

> 活动策划：分组让学生们策划活动的具体内容，包括活动形式、时间安排、所需物资等。
>
> 提案汇报：每个小组向全班汇报自己的策划方案，并接受其他小组的评价和建议。
>
> 方案整合：根据各小组的提案，全班共同讨论并整合出一个最终的活动方案。
>
> 活动实施：在老师和学生的共同努力下，按照整合后的方案实施活动。
>
> 总结反馈：活动结束后，组织学生进行总结和反馈，讨论活动的成功之处和改进空间。
>
> 这个练习旨在让学生通过亲身参与班级活动的策划和实施，感受到自己对班级事务的影响力，增强归属感。同时，团队合作和集体讨论也能提升学生的团队协作和沟通能力。

4. 构建互助网络

一个健康的社群还需要建立起一个互助网络。在这个网络中，孩子在面对困难时能够迅速找到帮助和支持。我们要鼓励孩子与同伴互相扶持、分享宝贵经验和资源，通过这种紧密的联系，进一步巩固社群的凝聚力。

我们可以建立互助资源库。互助资源库的意义在于为孩子们提供一个分享学习、生活经验和解决问题的平台，以此培养他们的团队协作和分享精神。在内容上，我们需要收集学习和生活中的典型问题、孩子们分享的解决方案以及实用小技巧。形式上，可以包括文字记录、视频教程和在线交流等多种方式。为确保资源库的有效运营，应成立管理团队负责内容的整理与更新，并鼓励孩子们自发组成互助小组。定期更新资源库内容，保持其实用性，同时定期组织交流活动，促进孩子之间的互动与学习。此外，还可设立互助奖励机制，对表现突出的孩子给予表彰，以进一步激发他们的参与热情。通过这样的互助资源库，孩子们能在互相学习和分享中共同成长。

归属感是孩子心理健康和自尊发展的重要因素。当孩子感到自己属于一个温暖的社群，被接纳和认可时，会更加自信、自尊，并愿意为社群做出贡献。通过提升孩子的归属感，我们可以帮助他们建立积极的自我认同，培养自信心和自尊心，促进他们的全面发展。

（三）掌控感与自尊：自我力量的源泉

掌控感是指个体对自己的行为和环境有能力产生影响和控制的肯定性感受，是积极应对挑战、实现目标的关键。掌控感的增强有助于激发内在动力，推动个体不断前行，实现自我价值，从而培养积极自尊。

当个体缺乏掌控感时，可能会感到无力、被动，甚至被生活左右。这种无法主宰自己命运的感受会削弱自尊，使人陷入自我怀疑和挫败之中。

当孩子对自己的生活有着清晰的目标和规划，能够积极应对挑战、实现目标时，其自尊也会得到滋养和提升。在一个充满掌控感的环境中，孩子能够自信地面对生活的起伏，坚定地追求自己的梦想，因为他知道，自己的命运掌握在自己手中。

家庭、教育、社交等生活领域在塑造孩子的掌控感和自尊方面发挥着重要作用。鼓励自主、提供支持的家庭环境，充满挑战与机遇的学习情境，尊重个体、倡导合作的社交氛围，都有助于培养孩子的掌控感和自尊，孩子能从中感受到自己的成长与进步。

小明是一个高中生，他的父母一直鼓励他独立思考和自主学习。他们让小明从小就自己做决定，无论是选择兴趣班还是处理日常事务。这种家庭环境为小明培养了一种强烈的掌控感。

在学业上，小明总是设定清晰的目标，并制订详细的计划来实现这些目标。他知道自己每天需要完成的学习任务，并且坚持按时完成。当遇到难题时，小明不会轻易放弃，而是会尝试不同的解决方法。这种解决问题的过程让小明感受到自己对学习的掌控力。

小明的掌控感不仅体现在学习上，他在课外活动中也表现出同样的特质。他加入了学校的辩论队，并在比赛中担任队长。作为队长，小明负责组织队伍的练习和制定比赛策略，他的领导能力和决策能力得到了队友们的认可和尊敬。

这种对自己生活的掌控感极大地提升了小明的自尊。他相信自己的能力，并且对自己的未来充满信心。在面对高考这一重要的人生关卡时，小明并没有感到焦虑，因为他知道，自己已经做好了充分的准备，能够应对这一挑战。

小明的成功不仅仅是因为他的智力或努力，更重要的是他对自己生活的掌控感。他在家庭、学校和社会中的经历，都为他提供了锻炼掌控感和自尊的机会。小明的故事表明，当孩子在成长过程中获得了足够的支持和鼓励，就能够培养出强烈的掌控感，从而建立起健康的自尊。

我们的目标是从行为出发，让孩子对自己的行为表现感到自豪，勇于面对挑战，从而提升他们的掌控感。

1. 培养自主性与责任感

（1）正视失败，培养韧性。教育孩子以开放和积极的心态面对失败，将其视为成长和学习的宝贵经验。当孩子遇到挫折时，引导他们从失败中吸取教训，反思并改进，从而增强他们的坚韧性和对自我生活的掌控感。

> **练　习**
>
> 跟孩子一起玩一个挑战类游戏，如逢七拍手或者石头剪刀布。赢家为输家欢呼鼓掌，让"输"和欢乐的掌声建立连接，修正"输"就是丢脸、无能的错误认识。

（2）鼓励自主决策，培养独立性。在日常生活中，我们应为孩子提供足够的自主决策机会，鼓励他们独立思考，自主做出选择，并承担相应的责任。老师和家长则在一旁提供必要的支持和指导，确保孩子在决策过程中感到被尊重和信任。

（3）培养自主解决问题的能力。当孩子面临问题时，首先要鼓励他们自己思考并尝试解决，即使需要成人的帮助，也要确保孩子始终是解决问题的主导者。这样，孩子在解决问题的过程中会逐渐形成责任感，并提升自我掌控感。

2. 设定目标与分解任务

（1）设定明确目标。与孩子一起制定明确、具体且可实现的短期和长期目标。这样，孩子可以清晰地看到自己的成长轨迹，并在实现目标的过程中体验到成就感。

> **练 习**
>
> 请孩子想象十年之后自己作为封面人物登上了某本杂志，并试着画出这本杂志的封面。封面内容需要包括杂志名称、个人形象、专访文章主题。
>
> 通过封面设计，引导孩子讲述对未来的期待，再由未来的情景倒推，现在需要做什么才可以实现梦想，以此来帮助孩子确认目标。

（2）学会分解任务。教会孩子将复杂的任务或项目分解成更小、更易管理的部分。这不仅可以降低任务的难度，让孩子更容易入手，还能让他们在完成每一步后感受到成功和进步，是提升掌控感的有效途径。具体可参看前文"分解目标"相关内容。

3. 提升自我管理能力

教导孩子如何制订计划，并管理好自己的时间。鼓励他们自主设定任务优先级，合理安排时间，并自主监督计划的执行。这样，孩子可以逐渐学会掌控自己的生活和学习，提升自我掌控感和自豪感。

> **练 习**
>
> 请孩子选择一个典型的学习日，详细记录每小时的活动。
>
> 引导孩子分析自己的时间记录，看看哪些活动是高效的，哪些是浪费时间。
>
> 根据分析结果，调整日程安排，优化时间分配。

> **练 习**
>
> 每天开始工作或学习前，列出当天要完成的任务。
>
> 根据重要性和紧急性对任务进行排序。
>
> 集中精力首先完成最重要和最紧急的任务。

通过制订并坚持执行计划，孩子可以逐渐培养出自律的习惯。同时，他们能意识到自己的行为和决策对自己和他人的影响，从而培养责任感。

> **练 习**
>
> 在一天结束时，回顾你的时间使用情况和任务完成情况。
>
> 分析哪些方法有效，哪些需要改进，以便更好地管理时间。

掌控感是孩子建立自尊的关键因素之一。当孩子感到自己能够掌控自己的生活、学习和决策时，就更具有自我效能感和自我价值感，进而增强自尊心。

4. 提升冲突解决能力

随着孩子社交圈的扩大，他们需要学会利用社交技能来解决冲突。父母应逐渐减少对孩子社交活动的直接干预，转而鼓励孩子勇敢面对和解决人际冲突，培养他们处理社交关系的能力，这是提升社交掌控感的重要途径。

积极面对和解决人际冲突，不仅能提升孩子的社交掌控感，也是自尊的重要组成部分。在这个过程中，父母需要遵循以下三项原则。

原则一：不要代替孩子解决问题。

一些父母觉得自己替孩子解决问题，孩子就会快乐成长。然而，这种做法实际上并不利于孩子的成长，反而可能产生负面影响。父母介入解决孩子的问题，表达的信息是"你没有解决问题的能力"，或"你无法独自应对问题"，或"我比你能力强"等，阻止孩子探索和学习解决问题的技能。正确的做法是保持对孩子解决问题的极大兴趣，以积极关注和积极支持的态度，让孩子感受到父母强大的支持力量。孩子独立思考，自主分析和解决问题遇见障碍时，给予及时的、适度的指导，不要直接给出答案。

原则二：不要过分苛责孩子自主解决问题的方式。

孩子一定会有某些情况处理不当，如果过分责怪，他就会停止尝试。我们应该做的是，孩子开始学习这些技能时，积极关注过程，不要太注重结果，发现孩子展现出的成长中的新奇点——积极与优势，给予充分肯定、鼓励。如果他处理问题的方向没错，但结果没有想象中的那么成功，要赞赏他所采取的步骤，然后帮助他检查出存在的问题，共同探讨更为有效的路径。

原则三：父母要示范有弹性的问题解决策略。

在家庭生活中，当面对问题时，父母可以创造机会让孩子目睹他们如何灵活应对变化。例如，如果家庭计划的户外野餐因突如其来的大雨取消，父母可以积极地与孩子一起探索替代方案，比如改变地点到室内进行或选择另一个日期。让孩子学会，即使计划改变，也可以找到其他令人满意的解决方案。

在遇到人际关系问题时，父母可以将自己的处理方式展示给孩子。例如，父母可以和孩子讨论如何采用客观的语言表达感受，而非指责对方，或者如何寻找双赢的解决方案而不是对抗。这能教会孩子在关系中保持弹性，寻求和解而不是逃避或指责。

我们可以运用"五步法"引导孩子解决冲突（见表4-3）。

表4-3 解决冲突"五步法"

步骤	内容	核心目标	操作方法
1	冷静情绪	避免冲动反应，恢复理性思考	深呼吸/暂时离开现场
2	换位分析	理解多方视角，明确真实需求	觉察自身/对方/旁观者的感受和需求
3	目标拆解	锁定可行方向，避免空泛对抗	设定短期目标，探索中长期目标，考虑当下能解决到哪一步
4	方案评估	选择风险可控、效果可持续的策略	头脑风暴五种以上方案，评估后选择一种执行，并根据情况动态调整
5	复盘改进	提炼经验，建立长效预防机制	复盘问题："如果类似冲突再次发生，我会_____"

第三节 坚强的意志（自律与毅力）

意志是人自觉地确定目的，并支配行动去克服困难以实现预定目的的心理过程，意志力是这种心理过程所表现出来的品质，是个体最突出的优势之一。

一、认识意志力

意志力是实现希望目标的重要保障。高希望水平的孩子往往具有强大的意志力。

（一）目标导向的动力

前文所提到的"希望"更多的是一种积极的认知思维状态，具备这种思维状态的人，有能力设计既符合实际又具有一定挑战性的目标，有能力规划出克服困难、实现目标的路径，意志力就是个体沿着这些路径前进的动力。

一个人能够取得多大的成就，取决于天赋和努力，而努力比天赋更加重要。努力的本质即是个体的意志力。

（二）意志力的生理机制

意志力受到许多因素的影响，例如个体生理因素、环境因素等。面对纷繁复杂的社会，一个追求幸福和蓬勃发展的孩子，需要增强意志力、抑制冲动、适应环境、与人合作、应对压力、解决冲突、战胜逆境。

运用意志力驾驭"我要做""我不要""我想要"这三种力量，与大脑的前额叶皮层的功能有很大的关系。大脑的前额叶皮层能够控制我们去关注什么、想什么，甚至影响到我们的感觉，能够阻止我们的不恰当行为。如果大脑的前额叶皮层受损，我们的意志力也会被破坏和减弱，甚至消失。

大脑前额叶皮层的自控功能不能够完全发挥作用，是导致成长中的孩子意志力薄弱的主要原因。

二、增强意志力

（一）强化目标意识

增强意志力，提高控制系统的功能，首先要强化目标意识，用希望目标激励自己。

1. 关注希望目标

要想做到自控,就得时刻积极关注希望目标,自我激励、自我控制,才能遏制偏离目标的冲动。

> **练 习**
>
> **寻找白色**
>
> 活动材料:一斤白腰豆,一斤红腰豆,两个存放腰豆的盒子。
>
> 活动时间:晚上睡觉前 10 分钟。
>
> 活动流程:将装满两斤混合腰豆的盒子和另一个空盒子放在桌子上,让孩子坐在桌子前,关注盒子里的白腰豆 3 分钟。
>
> 告诉孩子,他可能会无意识地被漂亮的红腰豆吸引,但是,要有意识地用"我要找白色的豆子"的信念,控制红腰豆对自己的吸引和所导致的兴奋。
>
> 3 分钟后让孩子开始专注地寻找白色的腰豆。他也看到了漂亮的红色腰豆,但是要学会忽视它。让孩子将所有的白腰豆挑出来并放在空盒子里。
>
> 对于中学生,我们可以要求他在挑选白腰豆时,去感受白腰豆的大小、形状以及拿在手上的感觉。练习一段时间,可能闭上眼睛都能够辨识白腰豆了。这不仅可以培养孩子的意志力,还能增强孩子的信念。

把你必须达成的目标放在重要的位置,并且不断强化目标,你才不会被即时满足所诱惑,才能够增强自我意志力,促使积极行动更加坚定而有力。

制作和使用"目标行动卡"(见表 4-4),帮助孩子把目标变得更具体、更明确,提升孩子的意志力,促进他积极思考和行动,培养孩子的自律品质。

表 4-4　目标行动卡

达成目标	目标意义	行动管理

2. 接近性目标导向

人都有趋易避难的心理，许多人为了阻止、防止或延缓非意愿的目标结果情况的发生，习惯于使用回避性目标导向的路径思维，所寻找的路径方法，往往是达成目标应该规避的、不应该做的事项或策略。例如，为了身体健康，回避性目标导向的路径方法是"再也不吃任何垃圾食品"等。这种通过外力作用的剥夺式控制，对于个体是压抑，不是内在驱动力的唤醒，还隐藏着对所剥夺的对象的需求——体验垃圾食品口感的欲望，容易使自己被"或战或逃——吃还是不吃"的冲突所困扰，大大减弱了不吃垃圾食品的决心。随着时间的推移，这种剥夺式的控制，反而会让人更多地想到自己不可以吃的食品，反而强化对垃圾食品的欲望，最终放弃目标。一旦定下的规矩被打破，个体会感到挫败，很难激发积极力量继续努力。又因为我们只选择了"不吃……"而这一条路径已经被堵死，所以出现障碍，又没有其他可选的积极路径，目标只能终止。

而用接近性目标激励孩子，能充分调动和有效保持孩子的毅力，更有利于目标的实现。使用接近性目标导向的路径思维，以"我要……"的思维模式，直面接近性目标。这是最为简单有效的寻找路径的思维方法。这样形成的路径策略往往是积极的，有多条可行路径，也最容易实现所制定的目标。以上述不吃垃圾食品为例，可以采用接近性目标"我要吃健康的食品"，然后用"我要……"的思维模式设定明确的计划，如"我要在每顿饭里都增加蔬菜和水果""我要多吃白肉""我要早晚喝牛奶"等。

这样一来，个体每天都能实现自己定下的小目标，所取得的成就显而易见，从而增强意志力。即使短时间内目标还未达成，但是每一个小成就依然是一座值得庆祝的里程碑，会唤醒成功的体验，让个体坚持行走在实现目标的轨道上。

（二）助力自主性

自主性是孩子按自己意愿选择和确定目标，并根据目标来支配、调节自己的行动，克服各种困难，从而实现目的的动机、能力或特性，强调孩子自由表达意志，独立做出决定，自行推进行动的进程等。

1. 精神引领

孩子在实现目标的过程中难免会遇到障碍，此时需要他心目中的重要他人适时的精神引领。父母（老师）首先应该是孩子人生路上的精神引领者，为孩子跨越障碍和挫折注入精神力量。例如：在孩子遇到人际冲突时，我们应鼓励孩子尊重对方的想法，彼此帮助，创造分享的成就感，这有助于他和同伴相处，并积累更和谐的、更令人愉快的人际资源。

2. 鼓励和肯定

当孩子的积极行为受到鼓励和肯定的正向强化，他会更倾向于坚持，直到获得与之相应的结果。父母和老师应对孩子的积极行为给予真诚的认可、积极评价，促进孩子把希望目标与自我内在的需求和外在环境的利益联结起来并内化，为孩子自主达成目标注入积极的力量。

3. 经验控制

每一个孩子都有达成更大目标的希望和控制即时反应的能力，我们应指导孩子提取和总结成功的自我管理经验，为自律储备能量，特别是鼓励孩子创造一些延迟满足的方法，使自己在诱惑中冷静下来，做出正确的选择。

4. 环境支持

孩子在追求目标的过程中，受挫沮丧是正常的现象。为了维持和提升希望，战胜困境，改变现状，孩子需要不断寻找实现目标的最佳路径，环境的支持在其中发挥着重要作用。如，孩子对学习毫无热情，是因为在学习环境中无法获得必要的支持资源，导致内在动力匮乏，还会因为受害者心态对环境产生怨恨和愤怒等,引发悲哀、沮丧、懈怠甚至绝望等情绪。所以,环境为孩子提供有效的积极资源,对维持希望和实现目标都非常关键。

5. 积极自我对话

意志力挑战就是两个自我的对抗。可以指导孩子给冲动的自我起个名字,比如把及时行乐叫作"饼干怪兽",把爱抱怨叫作"评论家",把总是不想开工做事叫作"拖延者"。在冲动的自我占上风的时候,孩子就能意识到他们的存在,有助于唤醒明智的自己,唤醒意志力。

帮助孩子监控他们的自我对话(如通过笔记本或录音机),并鼓励他们用积极的语言来表达,例如"我可以做到这一点""我会坚持下去"。让孩子保持写日记的习惯能帮助他们做出理智的决定。我们应指导孩子用积极的、具有创造性的自我对话去替代自我批判、消极的思维,重复地练习,对减少孩子不必要的沮丧十分重要。

练 习

家庭会议是针对一个问题,家庭所有成员参加,以会议形式开展讨论、决策,达到解决问题的目的。请围绕家庭中需要解决的一个问题,按照下面所述家庭会议的规则和流程,书写一个家庭会议计划,并按照计划召开一次家庭会议。

家庭会议的规则:

• 主持人。建议没有特殊情况无法担任主持人的家庭成员,都应该轮流担任。

• 记录人。确定一个记录人,规范地记录每一次家庭会议的内容。

• 固定时间。例如每周一次,有利于形成制度,助力意志力的形成。

- 固定地点。可选择家中安静且能够满足家庭成员有秩序地就座的房间，有助于专心解决问题。
- 有计划地准备家庭游戏活动。家庭游戏活动形式多样，可以是心理游戏、竞技活动、体育活动、娱乐活动等。
- 会议做出的决定，原则上应该全体成员一致同意，有利于每一位成员获得公平感。

家庭会议的流程：
- 主持人简述家庭中一个需要解决的问题。
- 全体成员自由发言，围绕这个问题进行讨论，注意要让每一位成员都有发言的机会。
- 主持人对讨论内容进行总结。
- 全体成员商议下一次的会议内容和活动。
- 开展家庭游戏活动，要让全家人都能参与。
- 每位家庭成员轮流对其他成员表达感谢。

（三）启动思维脑

对冲突事件进行认真分析，预设事件发展，寻求更好的方式解决问题，做到这些需要提高孩子的认知力。根据大脑的结构和生理功能，我们要有意识地引导孩子训练大脑，整合左右脑，启动思维脑功能，提高认知力。

1. 回忆与描述

提升孩子的自控能力，需要在日常生活当中有意识地让孩子启动思维脑，训练大脑的整合功能，最好是通过提问的方式，在孩子平静的时候、放松的地点，引导孩子回忆和描述所经历的重要事件。

可以这样问："我好想知道昨天你看的电影所演的故事，从头到尾给我讲讲好不好？""那天叔叔带你去哪里吃冰激凌？""你把处理与小强冲突事件的过程告诉我，好吗？"

对于那些想让孩子记住的重要事件，可以和孩子轮流谈论对自己来说印象深刻的细节。唤醒记忆的问题要符合孩子心理发展特征。

青春期是大脑神经整合与修剪的关键期，必须让孩子的大脑得到更充分的利用。我们可以利用剪贴簿或者日记，帮助孩子思考他的经历，整合内隐记忆（不加思索的行为记忆）和外显记忆（能够回忆起来的情境的记忆）。问问题，鼓励孩子回忆，就能帮助他记住并理解过去的重要事件，从而让他更深刻地理解当下发生的一切。同时，引导青春期孩子憧憬未来，实施积极想象，是促进大脑整合的好方法。

2. 讲述故事

讲故事的力量很强大。它可以平衡情绪，更能够增强记忆力、连接左右脑，还能够帮助孩子更加深入地去理解记忆中的意义，寻求自己情绪反应当中遗失了的重要资源，更加准确地为事件赋予意义。

当孩子受到过去某个痛苦经历的强烈影响时，可以用讲故事的方法，帮助孩子找到影响他们情绪和思维的痛苦经历，让消极的情绪碎片完整而有意义地呈现出来。这样可以唤醒孩子的思维脑，让孩子厘清认知，利用理智提高意志力，直面问题，处理问题，激发自愈潜能，缓解情绪困扰。

如果事情意义重大，要反复讲述事情的经过。这种方法伴随我们的一生，在青春期尤为重要。

当不愿意重述某段痛苦经历时，可以想象自己手中有一个遥控器，当讲述到某一个情景，不希望它再现时，就说"停"，然后思考一下，提出"快进到×××部分"。可以帮助孩子在进行回忆讲述时运用"思维遥控器"，在掌控暂停、重放或快进讲述行为的过程中，学会利用判断技巧掌控思想，促使大脑得到全面整合。

3. 共同决策

在应激状态下，应帮助孩子调动思维脑的功能，避免刺激情绪脑。特别是对处于青春前期和青春期的孩子，父母应保持和善而坚定的态度，既保持亲子关系中的权威，也需要向孩子提问题，用商量替代选择、谈判，实施共同决策，让孩子感受到尊重、平等。

以下是共同决策中的一些步骤和建议：

（1）提供信息。向孩子提供足够的信息和背景知识，以便他们能够理解决策的各个方面。鼓励孩子提出问题，并帮助他们找到答案。

（2）讨论可能的选择。和孩子一起列出所有可能的选择和解决方案。鼓励孩子思考每个选择的利弊，并讨论它们可能带来的后果。

（3）评估影响。与孩子一起评估每个选择的潜在后果，考虑短期和长期的影响。讨论每个选择对家庭成员和其他人可能产生的影响。

（4）鼓励表达意见。鼓励孩子表达自己的意见和偏好，让他们知道他们的想法是被重视的。确保听取每个人的意见，并给予适当的考虑。

（5）制订行动计划。一旦做出决策，与孩子一起制订一个具体的行动计划。分配责任和任务，确保每个人都知道自己的角色和期望。

（6）执行和监督。执行决策，并在过程中监督进展。如果遇到问题，与孩子一起寻找解决方案。

（7）反思和评价。在决策执行后，与孩子一起反思整个过程。讨论哪些地方做得好，哪些地方可以改进。

（8）肯定孩子的参与。对孩子在决策过程中的贡献表示肯定和赞赏。让孩子知道他们的参与是有价值的，并且对家庭有积极的影响。

通过这个过程，孩子不仅能够学习如何做出明智的决策，还能够感受到自己在家庭中的重要性和影响力。这种参与感和责任感的培养对孩子的成长至关重要。

（四）管理即时反应

孩子看见喜欢的东西，就迫不及待地想得到；课堂上被其他不相关的事项吸引，不能够专注学习；不能控制自己长时间看电视、玩手机等行为……这些都是即时反应控制力弱的表现。

1. 共情联结

共情联结是指当孩子出现强烈的即时满足的情绪反应（如强烈的渴望、难过、愤怒等）时，教养者以了解孩子发生此情此景的行为反应的经历为出发点，"感同身受"地进行情感联结。共情联结能够促使孩子处理好自身的情绪，保持平衡的心态。

被即时反应所困扰的孩子受到情绪的支配，被本能系统控制（不难理解经常处于恐惧、困境、害怕中的孩子为什么不能够专注于学习），这个时候需要教养者用共情联结技术与孩子联结——理解孩子的此情此景，用"感同身受"的方式帮助孩子认清自己的情绪，感受到被接纳、被理解。当孩子的情绪平静下来，再实施激活自控系统功能的技术引导，规范其扭曲行为。

共情联结可以按"暂停、关注、理解、回应"的过程实施。

暂停。你需要"积极暂停"，处理好自己的情绪：闭嘴，离开孩子和事件情境。你不能迫使孩子以尊敬的态度对待你，但你可以实施自我尊重。离开就是你自我尊重的行为反应，也给孩子以示范。这样让关系中的每个人都有机会调整自我——安抚本能系统，唤醒自控系统功能。自我调节，平复心情，才能唤醒自我内在的积极力量，获得解决问题的办法。

关注。把注意力集中在孩子的情绪上，关注孩子的行为和情绪反应，关注此情此景中的孩子内心经历了什么。

理解。根据你所关注到的孩子当下的经历和成长背景，深度理解孩子当下的外貌（发型和衣着）、情感反应和想法。在理解的过程当中，用倾听的技术，感受孩子的感受，解读孩子的心智，保持情感共鸣，控制自己评判的冲动。理解是产生共情反应最为关键的一步。

回应。积极回应你所感受到的孩子的情感和需要。面对孩子的行为举止，前面实施的暂停、关注和理解本身就是积极主动的回应。在合适的情境中，你可以用关爱的眼神、拥抱、抚摸等技巧与孩子交流，安抚孩子的情绪。待孩子冷静下来，再如实地回应孩子的感受，尽可能地表达你对孩子的理解。[1]

当双方情绪稳定后,你要寻找合适的时机和地方,用非暴力沟通四因素——"我的观察,我的感受,我的需要,我的请求"和善地与孩子沟通。

在此基础上,引导孩子知道怎样的行为才是尊重他人,理解他人;与孩子一起制订成长计划,建立相应的行为规则。

在孩子成长过程中,我们要关注孩子即时反应的本能系统与自控系统之间的连接,通过科学的教养方法,培养孩子的自控力。

以下是一些提升孩子共情联结能力的建议:

(1)倾听和确认。当孩子表达自己的感受或遇到的问题时,认真倾听并确认他们的感受。可以通过简单的语言反馈,如"我明白你为什么会感到难过",来表明你理解他们的情绪。

(2)情感标签。帮助孩子为他们的情感贴上标签,比如"你现在感到失望"或"你看起来很兴奋"。这样做可以帮助孩子更好地理解自己的情绪,并为共情他人打下基础。

(3)角色扮演。通过角色扮演游戏,孩子能够体验不同的情境和角色,这有助于他们理解他人的感受和视角。

(4)阅读和讨论。阅读包含丰富情感和人际关系的书籍,然后和孩子一起讨论故事中人物的感受和动机。这可以帮助孩子练习从他人的视角看待问题。

(5)情感共享。鼓励家庭成员分享日常生活中的感受和经历。这不仅能够增强家庭成员之间的联系,还能为孩子提供学习共情的模范。

(6)观察和模仿。家长的行为会直接影响孩子。家长主动展示共情行为(如对家人、朋友或陌生人表示关心和理解),孩子会观察并模仿。

(7)讨论多样性和差异。和孩子讨论人与人之间的差异,包括文化、背景和个人经历等,这有助于他们理解每个人都是独特的,有着不同的感

---

[1] 相关内容可参看本套丛书中《孩子健康成长的影响力》第二章、第七章。

受和需求。

（8）解决冲突。当孩子与他人发生冲突时，引导他们寻找和平解决问题的方法。这包括理解对方的立场和感受，以及寻找双方都能接受的解决方案。

（9）积极反馈。当孩子展现出共情行为时，给予积极的反馈和奖励。这会鼓励他们继续发展这种能力。

通过这些方法，孩子不仅能够学会理解和感受他人的情绪，还能够在人际交往中更加敏感和体贴。共情联结是一种让人终身受益的能力，它有助于孩子建立健康的人际关系，成为一个有同情心和理解力的人。

2. 控制无意识习惯

日常生活中，许多像玩手机、拖延、乱扔乱放物品等不良习惯，基本上属于低意志力的冲动性行为。我们应帮助孩子有意识地控制这些冲动，改变不良习惯，养成良好的生活习惯，如晚上按时睡觉、早上定时起床、洗漱、运动，控制自己玩手机、吃零食等行为，有利于增强意志力。可以按表 4-5 的形式制作一张管理卡片，帮助孩子控制无意识习惯。

表 4-5　控制无意识习惯行动卡

低意志力行为	改变后的价值	管理策略	监督机制	改变后的感受
无意识地拿起手机	专注学习；避免手机成瘾	设定合理使用手机的目标，包含时间、时长、内容；实施"人机分离"，确定分离时间、地点等	家人及时监督；自我念头"我应该把手机放回抽屉"提醒和强化	愉悦；对自己的表现感到满意

（五）铸就执行功能

执行功能是自我控制能力的核心要素，促进个体朝着预定目标展开行动，受大脑相对应的神经系统区域支配。

1. 执行功能

执行功能是指有机体对思想和行动进行有意识控制的心理过程。抑制控制理论把执行功能定义为抑制控制，即对自身行为的抑制能力。执行功能包括集中注意力、忽视干扰、记住并使用新的信息、规划行动、修改计划，并抑制冲动的想法和行动[1]。面对诱惑，启动大脑的执行功能——自我控制的核心"执行能力"，让自己慢下来，控制自己的情绪和认知冲动，这是取得成功的关键。

要拥有强大的执行功能，需要培养延迟满足的能力。

2. 延迟满足

一根颗粒饱满的玉米向同伴夸耀说："收成那天，老婆婆肯定先摘我，因为我是长得最好的玉米！"

可是到了那一天，老婆婆并没有理会它，反而把它旁边的玉米摘走了。同伴们都在笑它说："啊，你不是很棒吗？怎么没被带走？"

"她是在等我更成熟，明天，明天她一定会把我摘走的！"玉米自我安慰着。

第二天，老婆婆又收走了一些玉米，唯独没有理会这根很棒的玉米。"别担心，明天，老婆婆一定会看上我的！"玉米向着远方的落日嘀咕着。

可是一天又一天，老婆婆只是看看，从来不伸手碰它，玉米绝望了，随着时间一点一滴地流逝，原来金黄的颗粒已经变得干瘪坚硬，它做好烂在地里的准备了。

就在这时老婆婆来了，而且一边摘下玉米一边说："这是今年最好的玉米，靠着这宝贝，明年肯定能种出更棒的玉米！"

---

[1] 塞利格曼：《持续的幸福》，赵昱鲲译，浙江人民出版社，2012年版，第104页。

> 这根玉米，其实真的是一根很棒的玉米，只不过它的"棒"是在等待中变得越来越好的，并且是为了制造出更多的更好。

延迟满足，让我们拥有等待美好的力量。

孩子的意志品质的培养，是一个序列性、系统性工程。最好是从孩子1岁开始，家长就有意识地进行培养。那么，从哪里入手呢？这里就要引入一对心理学概念：延迟满足和即时满足。关于延迟满足和即时满足，有一个经典的实验，叫作"棉花糖实验"，它是19世纪后期，斯坦福大学的沃尔特·米歇尔（Walter Mischel）在幼儿园里进行的一系列实验。实验人员将4岁左右的孩子独自留在房间里，在他们面前摆着一个盘子，盘子里有一颗棉花糖，然后称自己有事要离开。实验人员在离开前会叮嘱孩子说，他们有两种选择：如果坚持一小会儿（15分钟），等大人回来时还没有吃掉棉花糖的话，就会额外获得一颗糖的奖励；但如果实在想吃，也可以选择按铃并立刻吃掉棉花糖。

孩子们抵御棉花糖诱惑的过程是痛苦的，一些孩子甚至没有等到按铃，就很快吃掉了糖，还有一些孩子不断地拿起糖又放下，或者捂住眼睛、踢桌腿，但最终还是按铃并吃掉了糖（那些最终选择了吃糖的孩子，平均坚持时间不到3分钟）。在所有参与实验的孩子里，有大约三分之一的孩子成功地抵御了诱惑，在15分钟后得到了另一颗糖的奖励。米歇尔对这些孩子进行了多年的跟踪研究，他发现，那些成功抵抗诱惑的孩子，大多拥有更好的学业成绩、更高的学历、更健康的体魄，更不容易有物质滥用问题。这些孩子更有能力聚焦目标，不受外界干扰的影响，也更善于管理自己的冲动性行为。

上述实验中，孩子的"等一等再得到一颗糖"的行为就是延迟满足，而立即吃掉糖就是即时满足。很多家长对孩子是要什么就给什么，这是即时满足，更有甚者，孩子还没提出要求，家长就给了，这是过度满足。有些父母为了"弥补陪伴上的缺失"，结果过度满足孩子。过度满足和即时满足都是对孩子意志品质的消磨，这样做会使孩子的私欲泛滥，毫无节制。而意志品质的核心就是对自我欲望的有效调控，比如对吃喝玩乐等欲望的调控，成人之后就会转化为对贪欲、色欲的把控。反观延迟满足，实际上指的是一种甘愿为更有价值的长远结果放弃当下的即时满足，在等待的过程中展示的自我控制能力。

要培养孩子延迟满足的能力，我们可以引导孩子发挥想象，转移诱惑物刺激。例如，把摆在面前的糖或者孩子希望即时得到的物想象成图形，或者是一幅图片；当孩子产生即时满足冲动的时候，我们可以引导孩子想象一些有趣的事情来控制自己的情绪。

下面以帮助孩子控制想看电视的冲动为例，分享一些提升自我管理能力的策略：

（1）建立规则。与孩子一起制定电视观看的规则，比如每天或每周可以看电视的时间和时段。确保规则明确且易于理解，让孩子参与规则的制定，以增强其遵守意愿。

（2）提供替代活动。提供其他有趣的活动选择，如户外运动、阅读、绘画、手工艺等。鼓励孩子参与家庭活动，如一起做饭、玩桌游、进行家庭郊游等。

（3）定时定量。限制观看电视的时间，使用计时器或闹钟提醒观看时间结束。在观看电视之外，确保有足够的其他活动来填充时间。

（4）意义教育。解释过度观看电视可能带来的负面影响，如影响视力、睡眠和学习。与孩子讨论电视节目的内容，引导他们批判性地思考所看的内容。

（5）发挥榜样作用。家长自己也要控制看电视的时间，以身作则。减少家中成人过度使用电子设备的情况，共同营造一个良好的家庭环境。

（6）奖励制度。设立奖励制度。当孩子遵守规则时给予一定的奖励，如额外的户外活动时间或者小礼物。确保奖励与孩子的兴趣爱好相关，以增强吸引力。

（7）情绪管理。了解孩子看电视的原因（如是否为了避免无聊、缓解压力或逃避现实问题）。教会孩子更健康的情绪管理技巧，如深呼吸、倾诉和放松练习。

（8）亲子互动。利用孩子不看电视的时间进行亲子互动，增强家庭成员之间的联系。通过共同的活动和交流，让孩子感受到亲子时间的乐趣胜过看电视。

练 习

实施"循序渐进法"——从小的、渐进的步骤培养毅力。

例如，孩子见到可乐就控制不住想买来喝，可以按照以下步骤去做：

1. 手里拿着装满白开水的水杯，透过橱窗看超市里的可乐，然后喝一口白开水。

2. 两天后，手里拿着装满白开水的水杯走进超市，看看那些可乐，然后出来，喝一口白开水。

3. 再过三天，走进超市，在可乐货架前站立10分钟，但是不买任何饮料。

4. 再过两天，走进超市，只买一瓶矿泉水。

上述每一次行动，都会激发和增强一定的抵制可乐诱惑的能力。随着孩子对自控力的体验和自信心的增强，自制力也在不断增强，同时累积了面对困境的经验，能帮助孩子应对更加强大的压力。

请仿照上述抵制可乐诱惑的方式，制定抵制手机诱惑的步骤，并做好行动记录。

（六）增强意志力本能

当面对威胁或诱惑时，最有效的做法就是先让自己放慢速度，唤醒大脑自控系统，阻止做出错误的决定，让大脑和身体"三思而后行"，抑制冲动，做出合适而积极的应对反应，而不是做出给自己加速的应激反应。

唤醒意志力的本能，增强意志力的生理基础，提高身体的意志力储备，是帮助个体面对威胁的重要策略。冥想训练是增强意志力的一种简洁和有效的技术，此外，有规律地锻炼，保证良好睡眠、健康饮食等，都能增强身体的意志力储备。

1. 专念冥想

每天至少进行 5 分钟的专注呼吸冥想训练，有助于前额叶皮层的整合和自控系统与本能系统的连接，增强意志力。意志力训练是一个循序渐进的过程，个体在做事情的过程中，不断偏离目标，又不断把注意力收回来。冥想对自己的分心的觉察和收回，有助于大脑自控系统功能的发挥。

需要明确的一点是，冥想不是让你什么都不想，也不是胡思乱想，而是让你把注意力放在自己的呼吸上。如果发现自己走神了，那就重新调整一下，继续把注意力放在呼吸上。回归当下，身心合一——专注于当下，享受当下。这种让感受回归的过程，便是一种很好的意志力训练。养成"全情投入、界限清晰"的专注习惯，可以让我们"智力上聪慧，情绪上平和"。

放慢呼吸的冥想训练不仅能够提高身心的意志力储备，有助于修复童年创伤，减轻焦虑、抑郁等消极情绪的困扰，还能够助力个体找到和增强渡过难关的勇气。

2. 有规律的锻炼

锻炼对增强意志力的效果是立竿见影的。锻炼可以促进如多巴胺、去甲肾上腺素、5－羟色胺等神经递质的释放，进而使个体产生良好的积极情绪感受，具有抵制诱惑和对抗不愉快情绪的功能。短时间的绿色锻炼可能比长时间的高强度锻炼更能改善心情，具有更明显的效果。

3. 保证良好睡眠

科学研究表明，长期睡眠不足的人在面对意志力的挑战时更容易感到压力，更容易屈服于诱惑。睡眠不足会导致机体生理性紊乱，严重影响个体的意志力。

睡眠不足会影响身体和大脑对食物中的葡萄糖成分的吸收，使人感到疲惫。睡眠不足会造成前额皮质功能受损——"轻度前额功能紊乱"，从而失去对大脑其他区域的控制，让大脑控制"冲动的自我"和"控制的自我"的这两个脑区之间出现连接问题。这样，身体就会一直处于压力应激状态中，压力越来越大，意志力越来越差。

睡眠是最主要的消除疲劳的方式。夜间睡眠充足的人，机体可以得到有效修复，消除疲劳，恢复精力、保护大脑。旺盛的精力不仅是意志力的内在动力，还使人思维敏捷，更能够提升学习效率，使人在有限的时间里取得更好的学习效果。

那些占用睡眠时间来学习的人，精力总量呈持续下降趋势，而那些保持足够的睡眠的人，从不过度消耗自己的精力，能够合理安排学习和休息时间，拥有更高的学习效率。

第四节　真正的幸福（乐观与发展）

"真正的幸福"是让孩子感受到完全的幸福。

一、幸福的作用

孩子的幸福依赖于生活各个层面的积极情感体验和对生活各个领域的满意程度的认知评价，同时对未来保持乐观的态度和积极的行动，既不是当下欲望的简单满足，也不是将期待未来更美好的满足延迟到遥不可及的某一天，而是尊重生命的核心价值及生命的意义——不仅享受当下所做的事情，感受到欢欣等积极情绪带来的愉悦的积极情感，而且通过当下的行为使未来更加美好，充分感受生命过程的意义。

幸福不仅仅是孩子追求的目标，更是一种持续的战斗力——积极成长的源动力。幸福感并非遥不可及，它可以通过积极的情绪、全心的投入、良好的人际关系、深刻的生活意义和个人的成就感来实现。

（一）幸福的人身心更加健康

幸福对身心健康的促进作用不容忽视。研究表明，幸福的人往往拥有更低的应激水平和更强的免疫功能。当个体体验到幸福时，大脑会释放正向的神经递质，如多巴胺和血清素，这些化学物质不仅能够提升情绪，还能降低慢性疼痛，改善睡眠质量，从而促进身体健康。

在心理层面，幸福能够增强个体的自我效能感，即个人对自己完成特定任务的能力的信心。这种信念使个体更有可能采取健康行为，如规律锻炼和均衡饮食，进而提高整体健康水平。此外，幸福感还能够降低罹患心理疾病的风险，为个体带来内心的平静和满足感。

（二）幸福的人拥有更加和谐的人际关系

幸福的人往往拥有更积极的人际关系，他们更有可能建立深厚的联系，这些联系提供了情感支持和归属感。积极的人际关系能够增强个体的社会支持系统，帮助他们应对生活中的压力和挑战。

（三）幸福的人不断建构自我积极资源和优势

幸福与个体的积极心理特质紧密相关。乐观、希望、自尊和韧性等心理优势不仅能够帮助个体在逆境中保持积极态度，而且能促进个人的成长和发展。

幸福还能够增强个体的创造力和问题解决能力。当个体处于幸福状态时，其思维更加开放和灵活，这有助于个体发现新的解决方案和创新方法。此外，幸福还能够提高个体的决策能力，在面对选择时更加明智和理性。

（四）幸福的人追求更高的希望

当个体感到幸福时，他们更有可能对未来持有积极的预期，并相信自己能够实现个人目标和梦想。

在面对挑战和逆境时，幸福感能够为个体提供必要的心理弹性，维持积极的心态，继续朝着目标前进。

教育要为孩子更幸福的人生奠基，让他们看到更多，想到更多，创造更多，与周围的人关系更和谐，更亲密。

二、乐观的心态

乐观是面对未来的一种积极情绪，是幸福生活的核心元素。只有当孩子乐观自信，一切才会充满希望。乐观是可以习得的。培养孩子的乐观优势，使他们可以抵御无助感，是促进孩子积极成长、幸福生活必不可少策略。

孩子在温暖、积极的成长环境中感受到无条件的爱和有条件的奖励，安全、爱的需要得到满足，就能增强掌控感，产生积极情绪，拥有积极解释风格，从而养成乐观的心态。

（一）掌控感

掌控感能够赋予我们力量，让我们自信地面对生活的起伏，感受到自己是生活的主人，能够主宰自己的命运，这是乐观的基石。[①]

（二）增加积极情绪

生活的目标就是追求幸福，积极情绪是乐观的重要力量，与掌控感共

---

① 相关内容可参看本套丛书中《孩子自主成长的内驱力》第一章第二节以及本书前面"掌控感与自尊"部分。

同构建幸福的基石。每一个人都有增加自己积极情绪的力量。

"你不能简单地期望自己去感觉到一种积极情绪，相反，你必须找到一个非常具体的杠杆，来打开你的积极情绪。某些形式的想法和行为，正是这些积极情绪的杠杆。"[1] 启动情绪的杠杆，完全可以通过"想"或"做"积极的事情，来唤起积极情绪，再真诚而开放地为这个简单的问题寻找到积极有意义的答案，感受到积极情绪生根的土壤。

1. 构建积极大脑

你是否能体验到积极情绪，关键取决于你是如何思考的。积极情绪的产生像所有的情绪一样，源于你对事件的解释，取决于你是否允许自己花一点时间来发现事物好的方面，还取决于你发现积极情绪时是否会帮助它成长。

提高大脑积极信息加工能力，我们必须练习去看、去想美好的事情，减少不开心，增加积极情绪。

每一个人都掌握着控制自己积极情绪的方向盘。在日常生活中，我们应科学引导孩子将积极情绪更多地融入学习和生活，培养孩子的积极特质。

2. 捕捉积极念头

仅有美好的心愿和生活本身并不能使人更加快乐，还需要用意志力真诚地去做，很可能会做更多。如"我要提高数学成绩"这个念头就像一个杠杆，会撬动你去探寻行为路径，且坚持不懈地付诸行动，这本身也就唤起了内在的积极情绪。所以，唤起积极情绪并不那么深奥和复杂，只需要一个杠杆——蕴藏着积极的念头就可以。如果保持开放和真诚，继续探寻这个积极念头的积极意义和发展目标，内在的积极希望就会出现。

3. 欣赏式探寻

研究发现，个体都有极大的兴趣朝着自我持续探寻的方向生长，探寻

---

[1] 弗雷德里克森：《积极情绪》，王珺译，中国人民大学出版社，2010年版，第53页。

的方式与目标正相关时，这种倾向强烈而持久。"欣赏式探寻"最能激发孩子的兴趣和求知的需要。

"欣赏式探寻"提倡人们与其关注什么是负性的，不如用欣赏的心态去探寻自己所注重的，明确什么是有用的，有意识地认可有价值的东西，并且努力从各方面提升它的价值。

"欣赏式探寻"在于引导孩子提出"积极问题"，发现"积极主题"，探寻"积极价值"，激发"积极优势"，鼓励自我"积极投入"追求幸福的希望目标当中，充分体验到幸福感。例如，学习遇到问题时，可以问自己，最大的挑战是什么，怎样能够获得成功，而不是把焦点集中于"倒霉""完蛋了""死定了"等负面问题上。

"欣赏式探寻"不只是一种方法或技术，更是一种生活方式，需要个体克服自我防御冲动，真心欣赏和探寻，发掘和利用积极因素，建立积极的自我认知，激发潜能，自主积极发展。

"欣赏式探寻"包括以下几个要素：

发现。面对事物，让自己平静下来，以开放而积极的心态，问自己"当下事物有哪些积极的因素？"注重事物的积极面或改变看事物的角度，以乐观的心态面对消极事物，捕捉愉悦情感。

探寻。有意识地从过去的经验中，去探寻和明确什么是有用的，用什么方法可以提升其价值，将自我的潜能和更高的目标整合。

预设。理清实现目标所需要的各种条件，整理自我和环境的积极资源，进行路径设计。

投入。充分利用个体的突出优势，积极投入达成目标的活动，并有意识地去体验成就感所产生的希望，感受幸福。

4. 关注好事

现实需要我们分析坏事，吸取教训，寻找解决问题的路径，避免未来重蹈覆辙。大部分人对好事的思考能力都远不如对坏事的分析能力。但是，过度关注和思考坏事，就会被消极认知和消极情绪困扰。特别是成长中的孩子，会习得消极视角——总是去关注和发现自己、他人和社会的问题和坏事，长此以往会影响孩子健康人格的形成。为了克服大脑中天生的负面偏好，需要有意识地提高并练习关注好事技能。

> **练 习**
>
> 每天在规定的时间，建议晚上睡觉前，花10分钟的时间，用日记本或电脑来写下当天的3件好事。
>
> 好事不一定是惊天动地的，可以是发生在生活中、让你感到愉悦的事情，如"妈妈晚上做了我最爱吃的炒面""好朋友原谅了我的无理取闹""今天在语文课上回答出了×××这样一个超难的问题"等。也可以是很重要的，如"今天被全班同学推选为班长"。
>
> 在每件好事的后面，请详细地写出"发生这件好事情的原因是……""对我来说意味着……""让这样的好事在未来更多地发生，我应该……"。比如，"好朋友原谅了我的无理取闹，因为他非常理解我，对我来说，不会失去一个好朋友，我以后也要多多理解他人，控制我容易愤怒的情绪"等。
>
> 写生活中的好事，特别是写发生好事的原因，可能会觉得有些别扭，但坚持一段时间后，就会逐渐变得容易。

5. 品尝滋味

品尝是指仔细地辨别，滋味指生活中某段经历造成的情感体验，包括情感的酸甜苦辣、人生的喜怒哀乐等。例如，家人相聚时的温馨和幸福，都是生活中的"滋味"。品尝滋味是指停下来，仔细地辨别生活中的某段经历或事情给我们带来的积极情绪和感受。它是一种连接过去、现在与未来的积极情感体验技术，是一种可以培养的心智习惯。

品尝滋味拉长了个体的快乐时光，就像是长期保护积极心理的强心针，不断强化其积极感受，与高成就、自我控制及乐观心态相连接。

品尝滋味的能力是可以学习的，下文主要围绕"积极回忆""感激现在"展开叙述。

积极回忆对个体身心健康有积极的影响。我们把注意力集中在过去的美好事件上，注意这个美好事件的细节和感受，尽量有秩序地在大脑中完整地重播一遍。

还可以采用"实物唤醒法"来引发积极回忆的记忆感受，促进个体积极回忆。

积极回忆可以带来极大的愉悦感，唤醒当下的激情。可以每天花几分钟积极回忆——回忆过去的成功经验、胜任、获得……以及它们带来的认知与记忆感受，并把它们分享给家人、朋友。

"感激现在"指个体从不同的视角、用新的方式看待当下自我或事件，寻找其积极的方面。学会感激生活中的平凡事物、感激现在的生活，能够激发个体的创造力与参与度，同时为未来积极回忆、更好地品尝滋味打下基础。

6. 感恩

感恩是对过往的美好时光能心存感激和欣赏。对过去的不幸夸大其词、念念不忘，是我们得不到平静、满足的罪魁祸首，会严重破坏主观幸福感。

感恩不仅是一种道德品格或行为，更是一种积极的心理品质与资源。

拥有感恩优势的个体会产生更多的积极情绪——满足、愉悦、希望等，减少妒忌、焦虑、抑郁等消极情绪。感恩能增强个体的社会联结，提升幸福感，且感恩与幸福存在着循环性相互加强效应。

描述感恩事件的过程，会激发个体尝试成功、获得荣誉的动机，有助于个体积极地发现和利用自我最突出的优势，实施更多的利他行为。

感恩可以让你的生活更幸福、更满足，身体更健康。在感恩的时候，对人生中好事的美好回忆能让我们身心获益，表达感激之情也会加深我们与别人之间的关系。

> **练 习**
>
> 1. 每晚在入睡前，写下5件让你因感恩而快乐的事情。这些事情可大可小，从一顿美食到与一个好友的畅谈，从学习任务到一个有意思的想法，你都可以写下来。
> 2. 与家人、朋友或需要感恩的他人相聚，以较为正式的方式（郑重的语言、合适的礼品等）表达对他人、生活的感恩。
> 3. 给一个你想要感恩的人写一封信。信中要明确地回顾他对你做过的事，说过的话，以及这些人如何影响到你的人生，你是如何经常想到他的言行，等等。如果可以，请你亲自把信交给他。

当感恩成为一种习惯，我们会更珍惜生活中的美好时刻，而不会把它们当成是理所当然。

常言道，生活中并不是缺少美，只是缺少发现美的眼睛。我们可以用积极回忆的技术，唤醒发现和感激美好的潜能，觉察日常生活中的新奇，感觉现在，品味当下，促进和鼓励自己的积极行为。

（三）积极的解释风格

我们认为，在尊重孩子心理发展规律的基础之上，乐观品质的培养核心在于养成积极的解释风格。积极的解释风格由积极的认知、积极的归因、积极的行动组成，三者形成良性循环（如图4-4所示）。

图4-4 积极的解释风格形成的良性循环

1. 积极的认知

积极解释的关键在于积极的认知，也就是我们所思、所想和所说都能找到事件的积极面。我们心情不好的时候常常被人劝导"这件事就看你怎么想，想得开就不那么难过了"。当孩子陷入一种糟糕的状态中时，他的心里一定潜藏着某种糟糕的想法，这就是心理学中所说的认知角度的问题。形成积极解释风格的第一步就是要对自己的想法保持敏锐的觉察，进而进行调整或保持。

与自动化的消极思维对抗并不是一件容易的事，惯性总是很难被改变，如果真的想要拥有积极的理性思维，刻意练习是少不了的。下面以"同桌今天一句话都不和我说"这一事件为例，尝试填写不同的想法，并体会不同的想法带来的感受和行为结果（见表4－6）。

表4－6　写下想法

1	事件：同桌今天一句话都不和我说。
	想法：
	感受和行为结果：我很生气，决定不再和他说话，并要找老师调开座位。
2	事件：同桌今天一句话都不和我说。
	想法：
	感受和行为结果：我决定再等等看，等待他告诉我原因。

可以按照自己的经历去设计和填写类似表4－6的表格，将想法写下来，不断练习就会增加我们对于自动化想法的觉察。也可以变换形式，比如：将填空的形式转化为图像，将事件、想法、表情等转化为画面；填空形式还可以转化为连线，将事件、想法、情绪进行连线匹配；甚至可以对表格内容进行现场演练，引导孩子将积极的思维、想法表达出来。只有通过不断练习，我们才能克服旧有的消极思维模式，从而养成积极的思维模式。

2. 积极的归因

归因就是我们对事件原因的解释。归因的风格习惯是在特定的文化、社会、学校、家庭中逐步养成的,即在个体逐步适应环境的过程中形成,这个适应过程可能是积极的,也可能是消极的,因为孩子并不是天生就熟知事物的本质以及社会的运行规律。所以,孩子的归因方式需要家长、老师的引导,孩子也需要主动学习积极的归因方式。目前学校教育中,积极归因的团体训练已经成为一种提升学生心理素质的有效方式。而家庭中,父母也要在权威型教养方式的基础上教会孩子正确的归因方式,做出正确的示范,并引导孩子加强学习和练习。

积极归因认为:引发消极事件的原因是暂时的、特定的、非个人化的;而积极事件背后的原因是永久的、普遍的、个人化的。消极事件的原因是暂时的,意味着事件在未来可以朝着积极的方向改变;是特定的,意味着事件的发生有具体情境的原因,未来是可以改变的;是非个人化的,意味着事件的责任并不只在于具体的某一个人,需要客观地看待。

我们不是要教孩子推脱责任。认识和接受客观现实是乐观的前提,事情的原因解释一定要建立在事情的客观真相之上。我们要引导孩子接受一些不如意或者失败的事情,并将原因进行"暂时的、特定的、客观的"解释,然后积极行动去解决问题。

练 习

一家人围坐在一起,以一个理性、平等的状态去进行接下来的流程。

首先,选定一个议题,比如"孩子最近很晚才睡觉",针对这个情况孩子自己有意愿做出改变,父母也希望孩子能调整。

其次,针对这个议题,家庭成员一起对可能的原因进行表达和书写,可以轮流叙述,指定一人来书写。

> 最后，对写下的原因进行分析和梳理，判断哪些是积极归因，哪些是消极归因。保留积极归因的部分，让孩子与家人一起说出来或者演绎出来，然后落实到具体行动当中。

3. 积极的行动

万事开头难，积极行动是最难的部分。积极的认知带动积极的行动，积极的行动也能刺激积极的认知，实现正向的循环。认知、情绪、行为是一个紧密联系的整体，三者可以相互产生影响。我们不仅可以强化积极的认知，还可以通过尝试和坚持积极的行动去巩固积极的解释风格，促进乐观品质的形成。

可以选定一个积极行动的目标，然后参照表4-7进行操作，写下和画下行动的过程，最后进行总结和反思。

表4-7 积极行动实验

设计和计划	写下行动目标	
	描画行动目标	
执行和记录	描述行动过程和效果	第一天： 第二天： 第三天： ……
	画下行动过程中的画面和感受	第一天： 第二天： 第三天： ……
反思和总结	写下行动反馈	打分（0—10分）： 评价：
	画出行动完成后的心情	

三、积极的关系

人天生都有与他人相互联结的需求,这种与他人建立的联系,我们称为社会联结。通过社会联结建立起来的,能够满足个体归属和爱、发展的需要的人际关系,我们称为积极关系。

成长中的孩子,通过与家庭成员的互动来寻求支持,满足社交的需求,习得社交技能。《孩子自主成长的内驱力》《孩子健康成长的影响力》已从亲子(师生)互动关系的角度,阐述了社交技能的相关理论和实践操作技术,本书主要探究构建积极关系的社交优势。

(一)社交优势

社交优势是指有利于构建良好的人际关系的积极心理品质。

拥有社交优势的孩子,充满希望,积极乐观;表现出激情、利他和合作;有勇气,敢于挑战,积极面对改变和冲突。让孩子发现、创造和拥有这些积极心理品质,是家庭教育和学校教育的重要目标之一。通过意识引导、行为肯定、能力提升等有效方法,让孩子拥有共情、利他、合作等社交优势,拓展积极心理品质,构建积极社会关系,提升幸福感,是教育者的责任。积极关系的建构路径如图4-5所示。

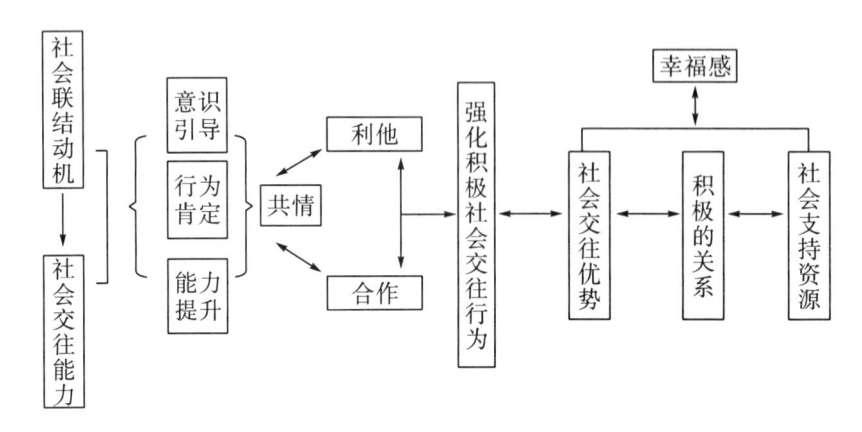

图4-5 积极关系的建构路径

支柱四：建立心理资源

1. 共情

共情是首要的社交优势。共情是理解他人特有的经历，并且做出回应的能力，是人与人情感连接的纽带。共情能力的提升能够让孩子累积更多的社会支持资源。最有效的教育是与孩子建立起情感联结，切实体会到孩子的感受。家长可参照《孩子健康成长的影响力》第六章、第七章的相关理论与技术，实施提升共情能力的练习。

2. 利他与合作

在达成目标、积极成长的过程中，利他与合作是不可或缺的核心优势。理解、发现和应用利他与合作优势，是构建积极关系的关键策略。

共情能力、利他行为是合作的驱动力，而这些能力都隐藏在自主成长的需要中，在后天环境中得以激发和拓展，最终实现合作与发展。①

学校在培养孩子的利他、合作精神方面扮演着至关重要的角色。"合作小组""结对帮扶""项目式学习""分组实验""社会实践"等，是增强团队协作意识，唤醒和鼓励孩子利他、合作优势的绝佳方式。

家长应通过实际行动来示范利他、合作精神。家长可以通过日常生活中的小事来示范合作精神。例如，与孩子一起做家务，分担家庭责任。在这个过程中，孩子不仅能学到如何合作，还能体会到家庭成员之间的相互支持和关爱。家长还可以通过鼓励孩子参与志愿活动和社区服务来培养他们的利他精神。例如，带孩子一起去参加捐赠活动、义卖活动等。这些经历能够让孩子从小就学会关注他人，培养他们的同理心和社会责任感。

通过合作和利他行为，孩子能够增强自我价值感。当孩子为团队做出贡献或帮助他人解决问题时，会感到自己是有价值的。这种自我价值感是幸福感的重要来源之一。

合作与利他行为还能促进心理健康。研究表明，积极的社交互动和利他行为可以降低抑郁和焦虑的风险，提升整体心理健康水平。

---

① 有关共情利他、积极利他等内容，请参看本套丛书中《孩子健康成长的影响力》第九章。

开放而有界限的家庭环境，积极关注、尊重和信任的家庭文化，父母利他、合作的行为，社区公益活动等，都是唤醒、发现和促进孩子利他与合作优势的重要载体。

（二）解决冲突

随着年龄的不断增长，孩子将会扩大社交圈，利用社交优势发展和维护家庭以外的关系，满足自己社会联结的需要。这时，社交冲突就可能时常发生。父母应引导孩子，勇敢面对和解决在学校、朋友那里遇到的人际冲突，形成良好的社交关系（相关内容见支柱四第二节"提升冲突解决能力"部分）。

四、投入的生活

幸福感源于自己的优势和美德，通过自己的努力获得幸福，才会有真正的幸福感受。[1]

投入，与心流有关，指的是完全沉浸在一项吸引人的活动中，时间好像停止，自我意识消失。塞利格曼把以此为目标的人生称为投入的人生。[2] 投入不同于积极情绪，因为投入需要集中全部注意力，它动用了个体全部的认知和情感资源，让我们无暇顾及感觉。

心流理论（Flow Theory）和积极投入（Active Engagement）是理解和培养幸福能力的两个关键概念。心流体验和积极投入不仅能提升当前的幸福感，还能帮助个体培养终身学习的态度。老师和家长如果能够在日常生活中引导孩子体验心流，培养他们积极投入，将有助于孩子在未来的学习和工作中保持积极主动的态度，不断追求个人成长和发展。

---

[1] 塞利格曼：《真实的幸福》，洪兰译，万卷出版公司，2010年版，第9页。
[2] 塞利格曼：《持续的幸福》，赵昱鲲译，浙江人民出版社，2012年版，第11页。

（一）心流体验

心流理论由心理学家米哈伊·契克森米哈赖（Mihaly Csikszentmihalyi）提出。心流或心流体验，是我们全身心投入地做事情时的感觉。这种感觉是完全沉浸于某项活动时所体验到的一种高度专注且享受的状态，即"一个人完全沉浸在某种活动当中，无视其他事物存在的状态"[1]。在这种状态下，个体感到时间流逝得很快，并且对所从事的活动充满热情和满足感。这种体验本身会带来莫大的喜悦，使人愿意付出努力。这就是一种幸福感。

长期处于心流状态的人往往在工作和生活中表现得更为积极主动，幸福感也更高。我们可以先了解和熟悉这种感觉，进而去追求这种感觉。

1. 心流体验的特征

心流体验不仅能带来极大的心理满足，还能提升个人的创造力和生产力。所有心流活动，都会把当事人带入新的现实，使意识到达一种忘我的境界，沉浸在一种新的发现和创造感之中，出现超越自我的更好表现，自我因此成长。这就是心流活动的关键。

心流体验具有"技能"与"挑战"两个维度。当活动处在技能和挑战的理想区域时，就会出现心流体验。个体面对有意义、目标明确、具有挑战性的活动，且具备较高水平的技能时，身心投入到达成目标的路径中，注意力全部聚焦于行为的反馈当中，这些活动成为意识流动的媒介，体验到的是最优感觉——心流。如果把个体在活动中的常见行为模式用一个图来表示，心流应该处在技能适中和挑战适中的位置（如图4－6所示）。

---

[1] 契克森米哈赖：《心流：最优体验心理学》，张定绮译，中信出版社，2017年版，第67页。

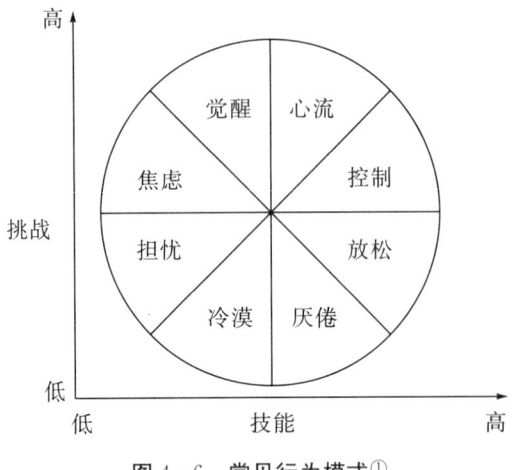

图 4-6　常见行为模式①

心流体验与希望目标的挑战性、意义性、能够实现（适当的技能）是一致的。心流具有如下核心特征：

专注与集中。个体全神贯注于当前的任务，排除一切干扰。

清晰的目标与反馈。活动的目标明确，并且个体能即时获得反馈。

挑战与技能的平衡。任务的难度与个体的技能水平相匹配，既不会太简单也不会太困难。

失去自我意识。个体忘却了自我和周围的环境，完全沉浸在活动中。

时间感的扭曲。在心流状态下，个体对时间的感知会发生变化，通常感觉时间过得飞快。

练　习

请回忆你曾经产生过的心流体验，先用纸笔详细描述当时的感受，描述得越细致越好，然后闭上眼睛，以一个放松的姿态，再一次以想象的、沉浸式的状态投入到当时的心流体验中。

---

① 契克森米哈赖：《心流：最优体验心理学》，张定绮译，中信出版社，2017年版，第41页。

2. 心流体验机制

我们可以借用契克森米哈赖的"心流体验图"来了解心流体验机制。以学打乒乓球为例，如图4—7所示：

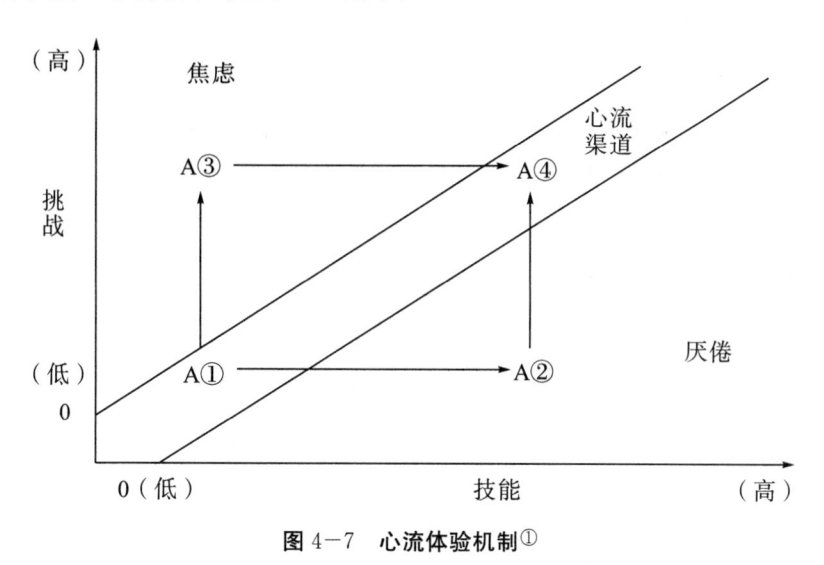

图4—7 心流体验机制[1]

图中的纵轴与横轴分别表示心流体验最重要的两个维度——挑战与技能，字母A代表正在学打乒乓球的男孩小艾，A①、A②、A④、A③分别代表小艾学打乒乓球的四个阶段。

在A①阶段，小艾不懂任何技巧，他唯一的挑战就是把球打过网去。把球打过网去的挑战（难度）正适合他此时的技能水平。小艾因为极大的兴趣，所以打得很愉快，会感受到心流。经过一段时间的练习，他的技能提高了，开始厌倦只把球打过网去的挑战，进入A②阶段，激情减弱。但是，小艾不想放弃对乒乓球的兴趣，所以，他需要提高挑战（加强难度）。于是，他需要挑战一个与他当下技能匹配的新目标——击败一个技能比他高一点的对手——他就能到达心流体验的位置A④。

如果小艾碰到了一个技能比他熟练很多，或具备高难度技能的对手，

---

[1] 参见契克森米哈赖：《心流：最优体验心理学》，张定绮译，中信出版社，2017年版，第161页，有改动。

这时，他对自己笨拙的球场表现产生了焦虑（A③）。要回到心流体验，就需要加强技能练习。当然，从理论上看，他也可以降低挑战的难度，回到一开始时的心流体验A①。但是，以人的天性和他对乒乓球的兴趣，知道存在挑战以后，是很难全然置之不顾的。

图中的A①与A④都代表小艾正处于心流状态。但A④的情况远比A①复杂，它不但是更大的挑战，而且对打球者的技能要求也更高。小艾如果要继续打乒乓球，势必设法回到心流体验状态。这是一种积极成长的需求，需要个体利用核心优势，积极投入提升心流活动的技能，持续地努力，战胜挑战，不断向高一级目标发展。

日常生活中，我们可以发现和支持孩子最感兴趣的活动，也可以与孩子一起设计有挑战性但不过于困难的任务，以帮助孩子进入心流状态。在这个过程中，我们需要做到的是真诚陪伴、默默关注、积极支持，不打扰，不评价，不随意帮助。

（二）积极投入

积极投入是指个体在某项活动中表现出的高度参与和主动性。这种参与不仅体现在情感和认知层面，更重要的还体现在行为层面——意味着个体需要集中全部注意力，全身心地投入到这件事情中，完全沉浸于其中而不受干扰，并获得满意感、心流体验。

1. 表现满意

体验心流没有捷径，必须全身心投入，发挥优势和才能，专注于追求希望目标的活动。所以，我们应培养孩子的品格优势，并引导孩子学习如何更好地发挥这些优势，让自己表现满意，以达到心流。

我们应鼓励和促进孩子"表现满意"，直面生活的挑战，利用自己的优势，积极地投入，脚踏实地地提高学习、生活实践能力，拓展自我的品格优势。

教育中，要警惕孩子的虚假自尊现象。偏离现实的"夸奖""呵护"，会给孩子制造一种虚假自尊，导致他们无法接受真实生活中的批评、失败和挑战。"表现满意"最重要的一个特征是心流体验,让孩子真正感受到靠自己的努力获得的满意。这种"表现满意"比"感觉满意"更能给孩子带来安全感和成就感。所以,健康的自尊,应该是"感觉满意"和"表现满意"的整合,更重要的是要"表现满意"。

2. 刻意练习

我们不仅要关注孩子的学业成绩和物质生活水平,更重要的是引导他们在日常生活中找到真正的快乐和满足感——能够清楚地知道和利用优势,投入与幸福相关的活动和实践,刻意练习,增强掌控力。

刻意练习与心流体验紧密相关,心理学家认为,刻意练习发生在技能准备阶段,而心流体验发生在技能表现阶段。我们不可能长期做同样的事依然觉得乐趣无穷,难免有一段时期,我们不是感到厌烦,就是饱受挫折,然后寻求乐趣的意愿就会促使我们拓展自己的技巧,或发掘运用技巧的新方向。这需要我们进行刻意练习,即刻意、有效、持续地练习想要的技能。

成功并非偶然,而是源于长时间、系统的刻意努力和训练。在追求卓越成就的过程中,刻意练习和长时间的持续努力是不可或缺的。

进行刻意练习,首先要有一个定义清晰的目标;其次要全神贯注、不懈努力;同时还需要即时的、有益的反馈;最后,个体应持续反思、不断完善。

练 习

请思考并回答以下问题:
你想要刻意练习的技能是什么?
你打算在哪里进行这项练习?
你的刻意练习需要做哪些准备?
你打算刻意练习的频率是什么?

> 你打算刻意练习的时间段是什么？
>
> 你打算持续练习多久？
>
> （请详细描述）你打算达到怎样的练习效果？

刻意练习，每天进步一点点，日积月累，就能超越自我。在这个过程中，个体能够不断提升自己的能力和信心，增强自我效能感。父母和老师可以鼓励孩子积极投入各种活动，特别是孩子感兴趣的活动，助力自主学习，鼓励刻意练习，培养积极投入的意志力，感受心流体验。

参考文献

参考文献

阿德勒. 接纳另一个不完美的自己：阿德勒勇气心理学［M］. 王莉，编译. 北京：北京理工大学出版社，2019.

安莉娟，杨美荣. 高中生安全感量表的信度、效度检验与常模初步建立［J］. 中国健康心理学杂志，2010（1）.

安媛媛. 创伤心理学［M］. 南京：南京师范大学出版社，2019.

奥格雷迪. 积极心理学走进小学课堂［M］. 任俊，译. 北京：中国轻工业出版社，2016.

北京师大，华东师大，东北师大，等. 人体组织解剖学［M］. 北京：高等教育出版社，1981.

本一沙哈尔. 幸福的方法［M］. 汪冰，刘骏杰，译. 北京：中信出版社，2013.

毕玉，王建平，杨智辉，等. 行为抑制与父母教养方式对青少年焦虑的影响［J］. 中国临床心理学杂志，2007（3）.

布兰登. 自尊的六大支柱［M］. 王静，译. 北京：机械工业出版社，2021.

布什. 接纳：在坚硬的世界柔韧前行并拥抱无限可能［M］. 彭相珍，译. 北京：中国青年出版社，2021.

陈秀梅，马振，常秀芹. 大学生心理健康素养与积极应对方式的关系：心理资本的中介作用［J］. 廊坊师范学院学报（自然科学版），2023（3）.

达克沃思. 坚毅［M］. 安妮，译. 北京：中信出版社，2017.

德斯蒙德. 与真实的自己和解［M］. 陆霓，译. 北京：台海出版社，2018.

费尔德曼. 坚毅力：青少年告别畏难放弃的行动计划［M］. 黄玮琳，译. 北京：机械工业出版社，2018.

弗雷德里克森. 积极情绪的力量 [M]. 王珺, 译. 北京: 中国人民大学出版社, 2010.

高娜, 葛崇勋. 从心理资本视角看高校创业教育——大学生创业心理资本培训模式的新构建 [J]. 高教高职研究, 2010 (45).

高朋. 希望 [M]. 北京: 民主与建设出版社, 2014.

高思刚. 中小学校园心理剧 [M]. 福州: 福建教育出版社, 2008.

格里尔斯. 本能: 突破瓶颈, 改变命运 [M]. 刘屈雯曦, 译. 北京: 同心出版社, 2013.

格林伯格. 情绪聚焦疗法 [M]. 2版. 周洪超, 陈慧, 译. 北京: 中国纺织出版社, 2023.

古川武士. 坚持, 一种可以养成的习惯 [M]. 陈美瑛, 译. 北京: 北京联合出版公司, 2016.

哈德克. 意志的力量 [M]. 任剑, 薛涛, 译. 北京: 中国言实出版社, 2009.

哈洛韦尔. 童年, 人生幸福之源: 培养乐观的方法 [M]. 覃薇薇, 译. 杭州: 浙江人民出版社, 2013.

胡红梅. 高中生友谊质量、积极心理资本、自我和谐的关系及干预研究 [D]. 昆明: 云南师范大学, 2023.

黄晓霞. 心理资本对高职生就业绩效的影响机制研究 [J]. 职业技术, 2023 (11).

贾永春. 校园心理情景剧实例及应用指导 [M]. 上海: 上海交通大学出版社, 2020.

卡尔. 积极心理学: 有关幸福和人类优势的科学 [M]. 2版. 丁丹, 等译. 北京: 中国轻工业出版社, 2013.

凯勒曼, 赫金斯. 心理剧与创伤: 伤痛的行动演出 [M]. 陈信昭, 李怡慧, 洪启惠, 译. 北京: 高等教育出版社, 2007.

科恩. 方法派表演练习手册 [M]. 王春子, 译. 北京: 中国电影出版社, 2023.

科恩. 游戏力：笑声，激活孩子天性中的合作与勇气［M］. 李岩，译. 北京：中国人口出版社，2016.

科恩. 游戏力Ⅱ：轻推，帮孩子战胜童年焦虑［M］. 李岩，伍娜，高晓静，译. 北京：中国人口出版社，2015.

肯纳利. 治愈童年创伤［M］. 张鰍元，译. 北京：生活书店出版有限公司，2019.

库珀里德，惠特尼. 欣赏式探询［M］. 邱昭良，译. 北京：中国人民大学出版社，2007.

拉希德，塞利格曼. 积极心理学治疗手册［M］. 邓之君，译. 北京：中信出版社，2020.

兰德尔. 毅力：如何培养自律的习惯［M］. 舒建广，译. 上海：上海交通大学出版社，2012.

李力. 教师心理职业资本的测量与开发［M］. 厦门：厦门大学出版社，2017.

刘嵋. 校园心理剧团体心理辅导与咨询［M］. 北京：清华大学出版社，2016.

路桑斯，摩根，阿沃利奥. 心理资本：激发内在竞争优势［M］. 2版. 王垒，等译. 北京：中国轻工业出版社，2018.

罗杰斯. 个人形成论：我的心理治疗观［M］. 杨广学，等译. 北京：中国人民大学出版社，2004.

麻超，汪雪，王瑞，等. 心理资本对大学生压力知觉的影响：认知重评的中介效应和表达抑制的遮掩效应［J］. 中国健康心理学杂志，2024（1）.

马登. 激发潜能　你就是王者［M］. 佘卓桓，全春阳，译. 上海：东方出版中心，2015.

麦格尼格尔. 自控力［M］. 王岑卉，译. 北京：印刷工业出版社，2012.

麦凯，范宁. 自尊［M］. 4版. 马伊莎，译. 北京：机械工业出版社，2019.

米勒. 与原生家庭和解［M］. 束阳，殷世钞，译. 北京：中国友谊出版公司，2018.

穆蓝纳. 挫折复原力：成功者都具备的隐藏素质［M］. 王丹若，译. 北京：北京时代华文书局，2019.

聂夫. 自我共情：接受不完美的自己［M］. 刘聪慧，译. 北京：机械工业出版社，2011.

平克. 驱动力［M］. 龚怡屏，译. 北京：中国人民大学出版社，2012.

契克森米哈赖. 心流：最优体验心理学［M］. 张定绮，译. 北京：中信出版社，2017.

钱晓烨. 积极心理资本的回报——基于个体和区域层面的研究［M］. 北京：经济管理出版社，2016.

乔拉米卡利，柯茜. 共情的力量［M］. 王春光，译. 北京：中国致公出版社，2019.

塞利格曼. 持续的幸福［M］. 赵昱鲲，译. 杭州：浙江人民出版社，2012.

塞利格曼. 活出最乐观的自己［M］. 洪兰，译. 沈阳：万卷出版公司，2010.

塞利格曼. 教出乐观的孩子：让孩子受用一生的幸福经典（经典版）［M］. 洪莉，译. 杭州：浙江人民出版社，2013.

塞利格曼. 习得性无助［M］. 李倩，译. 北京：中国人民大学出版社，2020.

塞利格曼. 真实的幸福［M］. 洪兰，译. 沈阳：万卷出版公司，2010.

施莱伯. 自愈的本能：抑郁、焦虑和情绪压力的七大自然疗法［M］. 曾琦，译. 北京：人民邮电出版社，2017.

施琪嘉. 创伤心理学［M］. 北京：中国医药科技出版社，2006.

石雪娟，吴师伟，董莉. 心理资本对大学生就业焦虑的影响：自我管理的中介作用［J］. 中国健康心理学杂志，2023（10）.

斯莫尔. 与童年创伤和解［M］. 张鲲元，译. 北京：中国友谊出版公司，2018.

斯奈德，洛佩斯. 积极心理学：探索人类优势的科学与实践［M］. 王彦，等译. 北京：人民邮电出版社，2013.

宋喜霞，王晓健. 心理情景剧：让学生在体悟中成长［M］. 长春：吉林大学出版社，2021.

田录梅，李双. 自尊概念辨析［J］. 心理学探新，2005（2）.

田喜洲. 心理资本及其对接待业员工工作态度与行为的影响研究［D］. 重庆：重庆大学，2008.

王静，周玲，刘智，等. 高中生主动型人格与学习投入的关系：心理资本的中介作用［J］. 中小学心理健康教育，2023（29）.

韦布，穆赛洛. 被忽视的孩子：如何克服童年的情感忽视［M］. 王诗溢，李沁芸，译. 北京：机械工业出版社，2018.

韦布. 走出童年情感忽视：如何与父母、伴侣和孩子重建亲密关系［M］. 修子宜，田育骛，译. 北京：机械工业出版社，2021.

西格尔. 心智的本质［M］. 乔淼，译. 杭州：浙江教育出版社，2021.

希斯赞特米哈伊. 创造力：心流与创新心理学［M］. 黄珏苹，译. 杭州：浙江人民出版社，2015.

阳志平，等. 积极心理学团体活动课操作指南［M］. 2版. 北京：机械工业出版社，2016.

姚彦宇. 好的童年是一生的心理资本：如何疗愈我们内在的伤［M］. 北京：民主与建设出版社，2021.

余璇，田喜洲. 积极组织行为学：探索个体优势的科学与实践［M］. 北京：经济科学出版社，2018.

袁小燕. 自尊发展阶段研究及教育建议［D］. 南京：南京师范大学，2008.

张春. 孩子健康成长的影响力［M］. 成都：四川大学出版社，2024.

张春. 孩子自主成长的内驱力［M］. 成都：四川大学出版社，2024.

张月. 同伴支持、心理资本与大学生就业焦虑关系研究［D］. 石河子：

石河子大学，2023.

赵冬梅. 心理创伤的理论与研究［M］. 广州：暨南大学出版社，2011.

周岭. 认知觉醒：开启自我改变的原动力［M］. 北京：人民邮电出版社，2020.

朱仲敏. 青少年心理资本：可持续开发的心理资源［M］. 上海：学林出版社，2016.

DIENER R，DEAN B. 正向心理学教练服务——助人实务的快乐学［M］. 陈素惠，译. 台北：心理出版社股份有限公司，2010.

ROBINSON J L，KAGAN J，REZNICK J S，et al. The heritability of inhibited and uninhibeted behavior：a twin study［J］. Developmental Psychology，1992（6）.

后　记

　　三年前，团队在做"基于大数据的青少年心理健康动态监测体系研究"这个课题时发现，面对日益增多的心理问题，我们的很多青少年朋友无助且无力，家长、老师更多的是痛心而又无措。我们萌发了一个念头：能不能有预见性地帮助我们的孩子提升、集聚成长的力量？于是就有了出版这一套丛书的初心。我们开始从课题研究数据着手，更加深入地探寻孩子成长的力量的源头，希望能够让家长、老师明白应该从什么地方入手，来帮助孩子累积成长的积极心理资源。

　　我们从培养孩子成长的内驱力开始，到重视父母对孩子的影响力、改善外在家庭环境，再到帮助孩子培养持久的发展力，为青少年的心理发展构建了稳定的"三力"模型。期望家长朋友们能通过对本套丛书的阅读和实践练习，更有效地陪伴孩子，引导和帮助孩子建立强大的内心，完善自我，幸福成长。

　　在此真诚感谢一直关心和支持本套丛书写作和出版的各位朋友和同仁，特别是你们对本套丛书出版提出的宝贵的专业建议，让我们深受鼓舞！因时间仓促，难免有错误疏漏之处，还请各位读者不吝赐教！由于人力、物力有限，我们在对影响孩子成长的外部因素研究方面也还有欠缺，有待后续进一步研究。

每一个孩子都希望自己能快乐成长，每一对父母都期待自己的孩子能健康、快乐、成才。希望我们的努力，有助于更好地引导孩子幸福、健康、快乐成长！

本书编写组
2023 年 8 月 18 日

编委会成员简介

（排名不分先后）

张　东：北京师范大学心理健康教育硕士、在读博士，四川省学生心理健康工作专家库成员，全球生涯规划师（GCDF）。

彭艳蛟：西南大学心理健康教育硕士，专职心理教师、心理咨询师、婚姻家庭咨询师、生涯规划师，绵阳市教体系统社会心理服务体系建设专家。

马德鑫：西华师范大学心理学硕士，专职心理教师，中级家庭教育指导师。

刘　洋：心理学专业本科毕业，中学高级教师，四川省学生心理健康工作专家库成员，研究成果《"一枢纽三联动"师生并重心理健康教育区域模式》获省政府二等奖。

邓　剑：西南大学教育学硕士，心理健康教育高级教师，国家二级心理咨询师，四川省学生心理健康工作专家库成员。

宋良宝：中学高级教师，绵阳市优秀骨干教师、绵阳市优秀教育工作者、绵阳市明星教育管理工作者。

李越飞：西华师范大学心理学专业毕业，心理健康专职教师，中级家庭教育指导师，绵阳市优秀心理健康教师。

颜　丽：中学专职心理教师，四川省学生心理健康工作专家库成员，国家二级心理咨询师、沙盘游戏心理咨询师、生涯规划师，绵阳市优秀心理辅导员。

胥执东：绵阳市教育和体育局二级调研员、绵阳市社会心理服务体系建设专家、"基于大数据的青少年心理健康动态监测体系研究"课题组组长。

张继云：心理学专业本科毕业，"基于大数据的青少年心理健康动态监测体系研究"课题主研人员，心理健康指导师，阳光少年心理健康体检平台总负责人。

王永林：中学高级教师，绵阳市优秀骨干教师、优秀教学管理工作者。

李 强：西华师范大学地理专业毕业，中学一级教师，学校学生身心健康和安全工作责任人，绵阳市优秀班主任、德育先进工作者。

刘芮君：西南大学应用心理学辅修专业，中学一级教师，中学心理健康兼职教师。

宋 娟：绵阳师范学院英语专业毕业，中学一级教师，多年从事德育工作和学生心理健康工作，学校家校共同教育工作责任人。

编委会成员合影

（从左到右）前排：马德鑫　张　东　张　春　胥执东　刘翔宇
　　　　　　　　宋良宝　王永林　张继云　李　强
　　　　　　后排：刘　洋　颜　丽　邱　熙　邓　剑　宋　娟
　　　　　　　　彭艳蛟　李越飞　刘芮君